教程
微分積分

原岡喜重

日本評論社

まえがき

微分積分学は，英語では calculus という．これだけだと単に「計算」ということになるが，もともとは infinitesimal calculus（無限小の計算）だったのを短くしたものと考えられる．

無限小とはなじみのない概念かもしれないが，たとえば円の面積を求めるのに，円を小さな三角形の集まりで近似するという方法を考えてみよう．

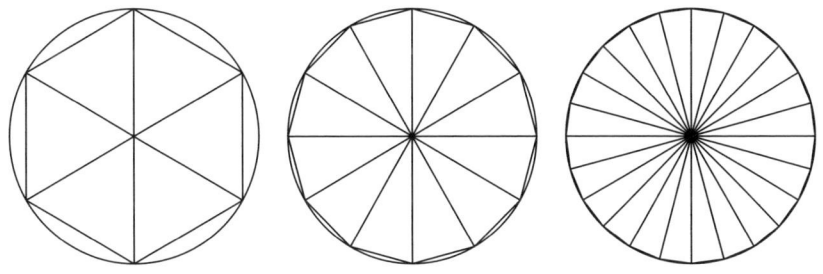

三角形の面積は計算できるので，これで円の面積の近似値が得られるであろう．各三角形を小さくすればするほど，この近似値はよくなっていき，円の面積の値に近づいていくことになる．ならば「無限に小さい」三角形を考えれば，円の面積が得られるということになる．もちろん無限に小さい三角形というものは存在しないが，三角形が無限に小さいとして円の面積を求めるという手続きが与えられれば目的は達せられる．この手続きは実質的に積分法である．

あるいは運動している物体のある瞬間の速度を求めようというときには，無限に短い経過時間 dt の間に進んだ距離 dx を，その経過時間 dt で割ればよいであろう（第 1 章参照）．この場合も無限に短い経過時間というものは存在しないのだが，経過時間が無限に短いとして速度を求める手続きが確立されている．それが微分法である．

このように，存在しない無限小というものを論理の力で自在に操ることに

よって，われわれの思考の及ぶ範囲は飛躍的に広がった．無限小の計算 = 微分積分学は，近代物理学を産み出し，現代では自然科学の根底に位置する思考技術となっている．

　本書は，微分積分学の概容を身につけ，それを使いこなす力を養うことを目的に書かれた．使いこなすには，公式や計算パターンを暗記することではなく，いろいろな概念や計算方法の意味を理解することが大事である．意味を理解することで，いままでのパターンにはない新しい事態へも対応することが可能になるのである．

　なお，無限小の扱いについては数学的に厳密な方法が確立されていて，それは先人の叡知の結晶ともいうべきものだが，本書ではまず微分積分学の全容を把握することを目指したため，そこには深くは立ち入らなかった．そのためいくつかの基本的な定理の証明を省くことになった．意欲のある読者は，巻末に参考文献を挙げておいたので，厳密な論理による証明に挑戦されてはいかがだろうか．

　微分積分学は物理学など自然科学の基礎であると同時に，数学の壮麗な体系への入口でもある．微分積分学を身につけることで，それぞれのさらに深く広い世界へと立ち向かって行かれることを期待する．

2004 年 2 月

原岡喜重

目次

第 1 章 微分法の発見と微分積分学の役割　1
1.1 微分法の発見 1
1.2 微分積分学の役割 6

第 2 章 実数と連続関数 　13
2.1 実数の連続性と数列 13
2.2 連続関数 23
　　　連続関数 25
2.3 初等関数 27
　　　指数関数 e^x 28
　　　対数関数 $\log x$ 29
　　　底が一般の指数関数 a^x 30
　　　ベキ関数 x^a 32
　　　三角関数 $\sin x, \cos x, \tan x$ 32
　　　逆三角関数 $\sin^{-1} x, \cos^{-1} x, \tan^{-1} x$ 35

第 3 章 微分法 　41
3.1 微分係数と導関数 41
　　　初等関数の導関数 44
3.2 平均値の定理, 高階導関数と Taylor の定理 48
3.3 Taylor 展開 53
　　　初等関数の Taylor 展開 54
　　　Taylor 展開の応用 59
3.4 微分法の応用 61
　　　関数の極限値 61
　　　微分方程式 $y'' + \lambda y = 0$ 65

第 4 章　積分法　　70

- 4.1　積分の定義 70
- 4.2　積分の基本的性質 75
- 4.3　微分積分学の基本定理 80
- 4.4　不定積分 82
    - 有理関数の不定積分 84
    - 無理関数の不定積分 87
    - 三角関数，指数関数の有理式の不定積分 88
- 4.5　広義積分 89
    - 無限区間上の積分 89
    - 関数が有界でない場合の積分 91
    - ガンマ関数，ベータ関数 94
- 4.6　積分法の応用 96
    - 面積の計算 96
    - 極座標で表された図形の面積 98
    - 曲線の長さ 101

第 5 章　なぜ多変数関数を考えるのか　　106

第 6 章　偏微分法　　113

- 6.1　平面の領域 113
- 6.2　関数の極限と連続性 115
    - 連続関数 118
- 6.3　偏微分と全微分 119
    - 偏微分 119
    - 全微分 122
    - 合成関数の微分法 124
- 6.4　接平面 127
- 6.5　高階偏導関数と Taylor の定理 131
- 6.6　陰関数 135
    - 変数変換 137
- 6.7　極値問題・最大最小問題 141

第 7 章　重積分　154

- 7.1　重積分の定義 154
- 7.2　重積分の基本的性質 159
- 7.3　累次積分 160
- 7.4　変数変換 167
- 7.5　体積・曲面積 175
  - 体積 175
  - 曲面積 177
- 7.6　3 変数関数の積分 179

付録　185

問の解答　198

章末問題の解答　207

参考文献　214

索引　215

三角関数表　217

記号表

R：実数全体の集合

$\begin{pmatrix} n \\ k \end{pmatrix}$：二項係数．すなわち

$$\begin{pmatrix} n \\ k \end{pmatrix} = {}_n\mathrm{C}_k = \frac{n!}{(n-k)!k!} = \frac{n(n-1)\cdots(n-k+1)}{k!}$$

第 1 章
微分法の発見と微分積分学の役割

1.1 微分法の発見

　数学の歴史は古く，四則演算 (足し算・引き算・掛け算・割り算) はおそらく 4000 年以上昔に考えられていた．ピタゴラスの定理に名を残すピタゴラスは紀元前 500 年代の人物，平面幾何学の体系を作り上げたユークリッドは紀元前 300 年代から 200 年代の人物であり，紀元前 200 年代のアルキメデスは球の面積や体積を求め，本質的に積分を実行した．

　ところが，積分とペアを組む微分が発見されたのは，17 世紀，ほんの 300 年前のことにすぎない．微分法の発見以前の数学が扱っていたのは，数や図形など，動かないでじっとしている対象であった．それらの数学では，宙を飛ぶボール，振り子，天空を駆ける星など，動いているものを記述することはできなかった．それを可能にしたのが微分法である．微分法はどのように発見され，どのようにして物体の運動が記述できるようになったのであろうか．

　どんな概念も，何もないところからいきなり生まれるということはない．その発見に向かう流れがあり，その流れに沿って見ると発見は必然とも思える．微分法の発見，それは自然科学 (物理学) の誕生ともいえるが，そこには次のような流れがあったのである．

　星の動きというのは神秘的であり，また暦を知る大きな手がかりであったため，昔から人々は星の動きを真剣に追っていたのであろう．そして，整然と天空を運行する大多数の星にまじって，ふらふらとさまようような動きをする

いくつかの星があることを知った．それらの星は惑星とよばれ，その動きを記述することに多くの人が取り組んだ．デンマークの天文学者ティコ=ブラーエ (1546-1601) は，星の動きを非常に精密に観測した．調べたい物をきちんと観測するのは当たり前と思われるかもしれないが，当時の人々は，星は神様の創造物で，したがってその運動は完全な図形である円と直線を用いて記述できなくてはならない，というように考え，何とかして惑星の運動を円や直線の組合せで表そうとしていたのである．そのような先入観をもたず，あるがままの姿を観測するというティコの姿勢は，自然科学誕生への第一歩であった．

ティコの観測結果は，これこれの星はどの時刻にどの方向にあった，というデータ (数字) の膨大な蓄積であった．精密ではあったが，それだけでは，広大な宇宙の中を星たちがどのような軌道を描いて運行しているのかは見えてこない．ティコの弟子であったケプラー (1571-1630) は，巧妙な幾何学的方法を用いて，ティコのデータから宇宙空間における惑星の軌道を描き出すことに成功した．すなわち，惑星が居た場所を平面上にプロットしていき，プロットされた点をすべて通るような曲線を探し出したのである．意外なことにその曲線は円ではなく，楕円であった．当時誰もが円と直線で記述できると考えていた軌道が，そのどちらでもない楕円であったというのは，衝撃的なことであった．しかし，精密な観測とそこから論理的に導かれた結論をケプラーは受け入れたのである．自然科学誕生への次の一歩をしるしたのであった．ケプラーはその結果を本に著し，「この本はおそらく 100 年のあいだ読者を待つであろう」と記した．

ケプラーと同じ世代に，ガリレオ (1564-1642) がいる．ガリレオは地動説やピサの斜塔から物を落とすという実験で有名だが，彼もまた自然科学の誕生に大きな貢献をした．ガリレオは，自然界の物体は，宇宙の星であれ目の前のボールであれ，すべて同一の法則に従って運動しているはずだと考え，自然界を支配している法則を見つけ出すことに生涯を捧げた．そのため彼は実験を行い，ボールの落下の様子を調べることで法則を見つけ出そうとした．自然そのものに向き合うという点はティコやケプラーと同じ姿勢であり，さらに必要なデータを実験によって手に入れる方法は，現代では普通のことに思えるが当時としては斬新なことであった．

彼は実験により，ボールが落下するときはだんだん速くなることを見つけ出し，その速くなる割合も記述した．その結果は，彼の目指す法則の発見のほんの一歩手前のものであった．しかし残念ながら，彼は自然界を支配する法則を見つけ出すには至らなかった．

それを果たしたのがニュートン (1642-1727) である．ニュートンにあってガリレオになかったもの，それが**微分法**である．ニュートンとライプニッツ (1646-1716) は，ほぼ同時期に，独立に微分法を発見した．ここで微分法の考え方を説明しよう．小学校で習うように，速さは (距離) ÷ (時間) で与えられるが，これは速さが一定の時の速さでしかない．つまり距離が時間に比例するとき，その比例定数を速さと定めるのである．

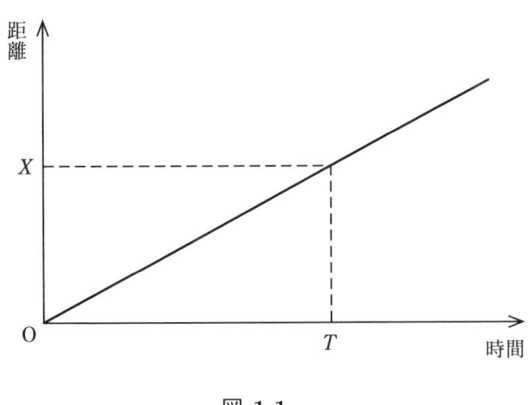

図 **1.1**

距離が時間に比例しないような運動に対しては，速さは刻々と変化するのだが，その変化している瞬間の速さはいったいどうやって定義すればよいだろうか．たとえば図 1.2 のような運動を考えよう．時刻 T における速さを，(距離)÷(時間) だからということで

$$\frac{(時刻\ T\ までに進んだ距離)}{T}$$

と定めると，T になるまでの速かったり遅かったりする過去の動きによって T という瞬間の速さが左右されることになり，不合理である．ならば T という瞬間以外の運動に左右されないように，

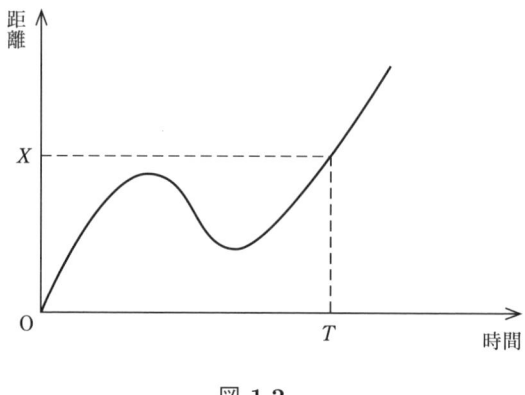

図 1.2

$$\frac{(T \text{ という瞬間に進んだ距離})}{(T \text{ という瞬間に経過した時間})}$$

と定めればよいだろうか.瞬間とは時間の経過がないことを意味するので,このままでは分母も分子も 0 となり,この値は意味をもたない.この値に意味をもたせる方法が微分法であり,それには次のような手続きをする.T という瞬間だけでなく,それからほんの少し $\varDelta T$ という時間だけ経過した時刻 $T + \varDelta T$ までの運動を考える.その間の経過時間は $\varDelta T$ であり,その間に進んだ距離を $\varDelta X$ とおくことにする.すると比

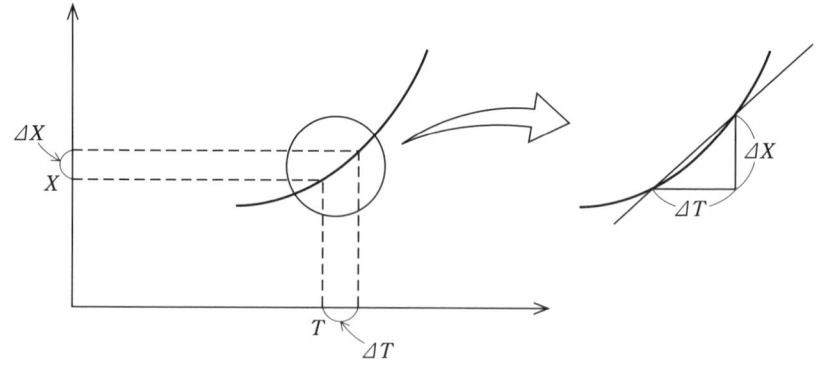

図 1.3

$$\frac{\Delta X}{\Delta T}$$

は，T という瞬間の速さに近い値になるはずであろう．ΔT をより小さくとると，それに従って ΔX も小さくなっていくが，この比の値はますます T という瞬間の速さに近づいていく．すると，ΔT をどんどん 0 に近づけるとき，この比の値がある一定値 V に限りなく近づいていくなら，その値 V を T という瞬間の速さと定めるのが妥当である．このような手続きで V を求めることを，**微分**とよぶ．たとえば，時刻 t までに進んだ距離 $x(t)$ が

$$x(t) = at^2 + b \qquad (a, b \text{ は定数})$$

で与えられるような運動の場合，上の手続きに従えば

$$\begin{aligned}
\frac{x(T+\Delta T) - x(T)}{\Delta T} &= \frac{(a(T+\Delta T)^2 + b) - (aT^2 + b)}{\Delta T} \\
&= \frac{a(T^2 + 2T\Delta T + (\Delta T)^2) - aT^2}{\Delta T} \\
&= \frac{a(2T\Delta T + (\Delta T)^2)}{\Delta T} \\
&= 2aT + a\Delta T
\end{aligned}$$

となり，この最後の値は ΔT をどんどん 0 に近づけると $2aT$ に限りなく近づいていくので，T という瞬間の速さは $2aT$ ということになる．またこの値は，

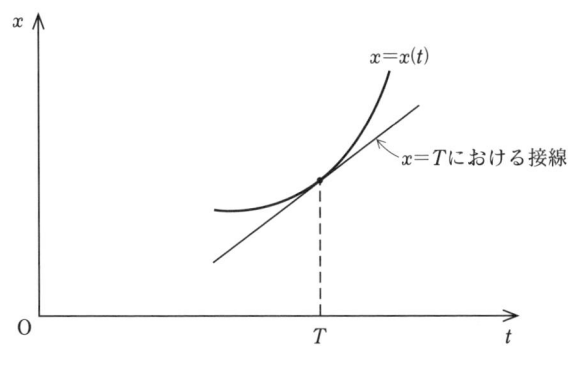

図 **1.4**

$x = x(t)$ という関数のグラフの $t = T$ における接線の傾きと見なすこともできる．

距離を表す関数に限らず，一般の関数に対しても，そのグラフの指定した点における接線の傾きを微分により求めることができる．グラフの接線は，関数の値の変化の様子 (値が増えている最中なのか，減っている最中か，さらにその増減の度合い) を表すので，微分は関数の値の変化を記述するものといえる．

さて，距離を表す関数を微分すれば速さ (速度) が得られたが，速度を表す関数をさらに微分すれば，今度は速度の変化を表す値が得られるであろう．それを**加速度**とよぶ．ニュートンが手に入れた法則は，物体の運動においては，運動の加速度と外力が比例する，という形で述べられる．

$$(質量) \times (加速度) = (外力)$$

この法則を**ニュートンの運動法則**[1]とよび，この方程式を**ニュートンの運動方程式**とよぶ．ニュートンはさらに万有引力の法則も発見し，太陽と惑星の間に働く万有引力を外力として運動法則を適用し，ケプラーの発見した惑星の運行に関する法則を導き出したのである．100 年を待たずに，ケプラーはニュートンという読者を得たのであった．

ニュートンの運動法則は物体の運動を計算で求めることを可能にし，そのおかげで実際の運動が起こる前にそれがどのような運動になるかを知ることができるようになった．これは現代の科学技術の根底にある法則であり，その恩恵をわれわれは計り知れないくらい受けているのである．

1.2　微分積分学の役割

この節では，微分積分学がどのように使われ，どのように役に立つのかを見ていこう．

---

[1] ニュートンの運動法則は三つの法則からなり，これはそのうちの第二法則である．残りの二つは次の通り．
　第一法則　外力の加わらない物体は，静止しているか，あるいは等速直線運動をする．
　第三法則　作用に対し反作用は逆向きで相等しい．

身近な現象として，ボールを遠くまで投げることを考える．投げる力は一定とすると，どんな角度で投げれば一番遠くまで飛ぶであろうか．

この問題を，3段階に分けて考察していく．

第1段 ボールを投げてそれが飛んでいくという自然現象は，ニュートンの運動法則に従う．ニュートンの運動法則は微分法も含めた数学のことばで記述されているので，ボールが飛んでいくという自然現象をまず数学のことばに翻訳しなくてはならない．そのために次のような座標を設定しよう．

ボールを投げる位置を原点とし，垂直方向に y 軸，ボールが飛んでいく水平方向に x 軸をとる．すると時刻 t におけるボールの位置はその x 座標と y 座標の値で表される．それらをそれぞれ $x(t), y(t)$ とおく．ボールの位置は t とともに変化するので，$x(t), y(t)$ は t を変数とする**関数**となる．ニュートンの運動法則を用いて，関数 $x(t), y(t)$ を求めていこう．

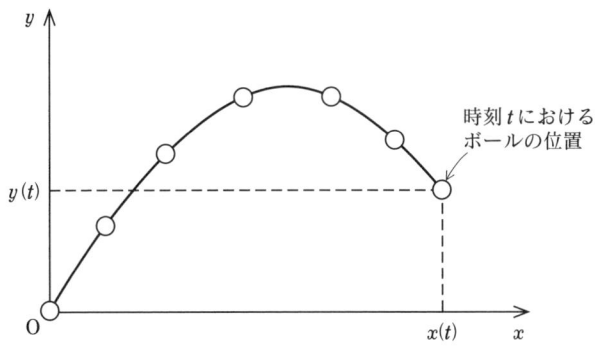

図 1.5

まず運動法則は，運動の方向成分毎に成立することに注意しておく．つまり x 方向と y 方向について，それぞれ個別に運動法則を適用してよいのである．そこで x 方向について考えると，水平方向には何の力も働かないので，外力は 0 である．(あるいはニュートンの運動法則の第1法則が適用されると考えても良い．) また y 方向について考えると，垂直方向には地球の重力が働き，それが外力となる．その値はニュートンの発見したもう一つの法則，**万有引力**

の法則から求めることができる．

万有引力の法則は，あらゆる二つの物体はそれぞれの質量の積に比例し物体間の距離の2乗に反比例する力でお互いに引き合う，というものである．すなわち，二つの物体の質量を m_1, m_2，その間の距離を r とすると，万有引力の大きさは

$$G \frac{m_1 m_2}{r^2}$$

で与えられる．ここで G は万有引力定数とよばれる定数である．

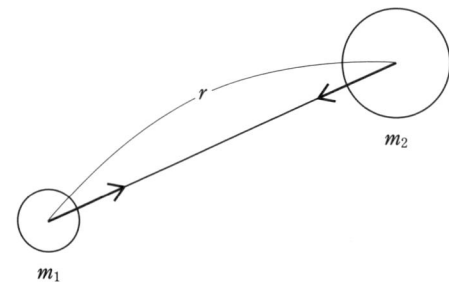

図 **1.6**

ボールと地球の間にも万有引力が働く．ボールの質量を m，地球の質量を M としよう．ボールと地球の間の距離は，その表面同志の距離ではなくそれぞ

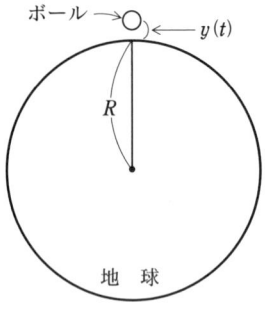

図 **1.7**

れの重心の間の距離とするので，地球の半径を R とおけば，その距離は $R + y(t)$ となる．ただし現実的には R に比べて $y(t)$ の値はまったく無視できるくらい小さいので，R を距離として差し支えない．

したがって，ボールが地球から受ける力は，

$$-G\frac{Mm}{R^2}$$

ということになる．マイナスがついているのは，力の働く向きが y 座標の減る向きになっているからである．ここで

$$G\frac{M}{R^2} = g$$

とおこう (これは重力加速度とよばれる定数である)．以上により，y 方向に働く外力は，$-mg$ で与えられることが分かった．

x 方向の位置を表す関数 $x(t)$ の微分 $x'(t)$ は x 方向の速度を表し，さらにそれを微分した $x''(t)$ は x 方向の加速度を表す．同様に，$y(t)$ を 2 回微分した $y''(t)$ が y 方向の加速度を表す．x 方向および y 方向の外力はそれぞれ $0, -mg$ であったから，$x(t)$ および $y(t)$ についての運動方程式は

$$mx''(t) = 0, \quad my''(t) = -mg \tag{1.1}$$

となる．

さてわれわれは，ボールを投げる角度と到達距離との関係を調べようとしていた．運動方程式 (1.1) には投げるときの角度などの条件が盛り込まれていないので，それらの条件を付け加える必要がある．まず投げる瞬間のボールの位置は原点であったので，$t = 0$ におけるボールの座標が $(0,0)$ で与えられることになる．すなわち

$$x(0) = 0, \quad y(0) = 0 \tag{1.2}$$

となっている．次に投げる瞬間の速度を考えよう．速度は大きさと向きをもっているので，ベクトルで表すことができる．そのベクトルの大きさを V，x 軸となす角度を θ とすると，投げる瞬間の速度ベクトルは $(V\cos\theta, V\sin\theta)$ となる．

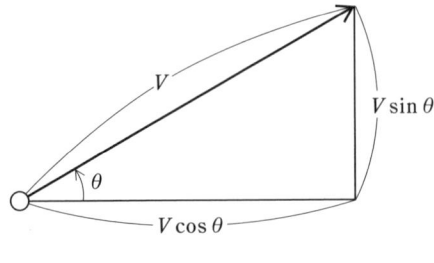

図 1.8

したがって

$$x'(0) = V\cos\theta, \quad y'(0) = V\sin\theta \tag{1.3}$$

を得る．(1.2) と (1.3) を合わせて**初期条件**という．

第 2 段 運動方程式 (1.1) を，初期条件 (1.2), (1.3) のもとで解いて，関数 $x(t), y(t)$ を求める．

(1.1) の解は，

$$x(t) = at + b, \quad y(t) = -\frac{g}{2}t^2 + ct + d \quad (a, b, c, d \text{ は定数}) \tag{1.4}$$

で与えられる．(1.4) が (1.1) の解になることはただちに確かめられる．(1.1) の解が (1.4) で与えられたものに限ること (**解の一意性**という) は，数学的に証明する必要がある．もし他にも解があるとすると，そちらの方が現実の運動を与えるかもしれないからである．今の場合は，第 3 章で学ぶ平均値の定理を用いると，解が (1.4) に限ることが証明できる．ここでは解の一意性を認めて，定数 a, b, c, d を決める作業に進もう．

定数 a, b, c, d は初期条件 (1.2), (1.3) から決まる．まず $x(0) = b, y(0) = d$ となるので，(1.2) より $b = d = 0$ が従う．次に $x'(t) = a, y'(t) = -gt + c$ となるので，これに $t = 0$ を代入して (1.3) と比べることにより $a = V\cos\theta, c = V\sin\theta$ を得る．こうして

$$x(t) = V\cos\theta \cdot t, \quad y(t) = -\frac{g}{2}t^2 + V\sin\theta \cdot t \tag{1.5}$$

となることが分かった．

第3段 (1.5) で与えられた関数 $x(t), y(t)$ は，ボールの運動を完全に記述するものである．したがってボールの到達距離もこの関数を調べることで記述される．

ボールの到達距離は，ボールが $t > 0$ で地面に落ちたときの x 座標の値である．地面に落ちるということは y 座標が 0 となるということだから，そのときの t の値は

$$y(t) = -\frac{g}{2}t^2 + V\sin\theta \cdot t = 0$$

から求められる．すなわち $t > 0$ に注意すると $t = \dfrac{2}{g}V\sin\theta$ となる．よってこのときの $x(t)$ の値は

$$V\cos\theta \cdot \frac{2}{g}V\sin\theta = \frac{V^2}{g}\sin 2\theta$$

と計算され，これが到達距離を与える．

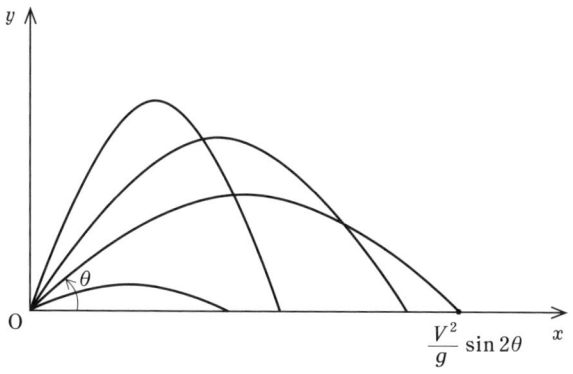

図 **1.9**

V が一定とすると，到達距離を最大にするには $\sin 2\theta = 1$ となるようにすればよい．すなわち $\theta = \dfrac{\pi}{4}$ のときに到達距離は最大になるのである．

こうして始めの問題の解答が得られた．すなわち 45° の角度で投げたとき

もっとも遠くに飛ぶということである．

　上で展開した議論は，自然科学を数学 (特に微分積分学) で解明する場合の典型的なものである．まず現象を数学のことばに翻訳する (第 1 段)．そのとき辞書の役割を果たすのが**座標**である．座標の設定は人為的なものだが，そのおかげで現象が関数として表現され，舞台は数学へ移行する．

　第 2 段はもっぱら数学の議論である．方程式 (1.1) などのように，未知関数の微分を含む方程式を**微分方程式**という．微分方程式を満たす関数を求めることを微分方程式を**解く**といい，その関数を**解**とよぶ．上で考えたような力学の問題に限らず，電磁気学や量子力学など物理学の諸問題や，化学・生物学など諸科学の問題には微分方程式で記述されるものが数多くある．それらの解を求めること，あるいは解の具体的な表示が得られない場合でも解の性質を調べることが，微分積分学の大きな役割の一つである．その際，解の一意性を確かめることも重要であり，そのため微分積分学の様々な定理が使われる．

　そして第 3 段において，第 2 段で求めた解を再び現象へと翻訳し直す．解として得られた関数は現象を数学的に表現しているので，そこから必要な情報を読み取ることといってもよい．もちろん翻訳には第 1 段で用いた辞書 = 座標が使われるのである．

　以上の流れを図にまとめると，次のようになる．

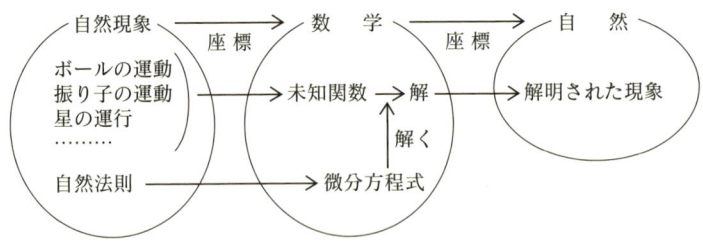

図 1.10

第 2 章
実数と連続関数

2.1 実数の連続性と数列

　微分積分学は，実数を変数とし値も実数であるような関数を対象とするので，理論を展開していくには実数の性質を知っておく必要がある．その中でも特に重要な性質が，**実数の連続性**である．実数の連続性とは，実数が数直線上に隙間なく詰まっていることを指す．

　われわれになじみ深い**有理数** (整数 p, q $(q \neq 0)$ によって $\dfrac{p}{q}$ と表される数) も，数直線を埋め尽くしているように見えるかもしれない．(実際，数直線上のどんな狭い範囲にも必ず有理数が入っている．) しかし $\sqrt{2}, \pi$ といった有理数ではない実数 (無理数という) が存在し，そこには隙間が空いている．たとえば数直線をちょうど $\sqrt{2}$ のところでハサミで切ると，左側には最大の有理数が存在しないし，また右側にも最小の有理数が存在しないことになる．

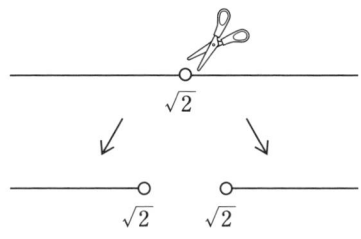

図 **2.1**

このような考え方を用いて実数の連続性を述べることができる．数直線をハサミで切るというのではあまりに直観的なので，次のように言い換えよう．

実数の全体を二つの部分 A, B に分けて，B に属する実数は A に属するどの実数よりも大きくなるようにする．つまり

$$x \in A, y \in B \Longrightarrow x < y$$

が成り立つとする．このとき，A に最大の実数が存在するか，あるいは B に最小の実数が存在するかのどちらか一方が必ず成り立つ，ということが実数の連続性である．

（手書き：デデキントの連続性公理．）

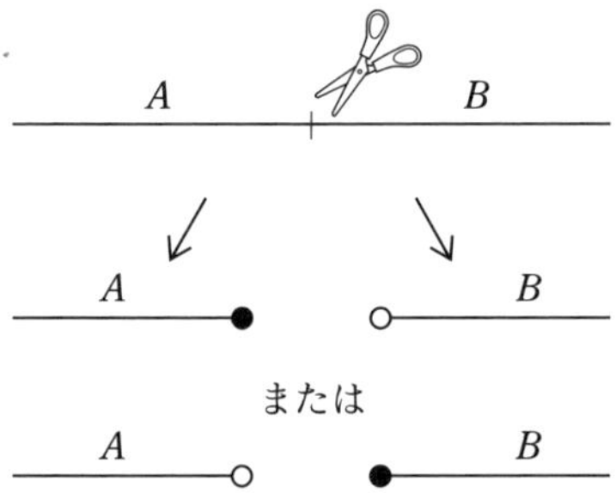

図 2.2

上で見たように，有理数の全体を $\sqrt{2}$ より小さい有理数全体 A と $\sqrt{2}$ より大きい有理数全体 B に分ければ，A にも B にも最大あるいは最小の数が存在しないということになる．したがって有理数の全体は連続性をもっていないのである．

一方，有理数を表すのは簡単で，分母と分子にくる整数を与えればすむが，一般に実数を表すのは難しい．そこで使われるのが数列である．本書では，特に断らない限り，数列といえば無限数列を指すことにする．数列 $a_1, a_2, a_3, \cdots, a_n, \cdots$ を $\{a_n\}$ と表す．

定義 2.1 (数列の極限) 数列 $\{a_n\}$ に対してある数 α が存在し，

$$|a_n - \alpha| \to 0 \quad (n \to \infty)$$

となるとき (n を限りなく大きくすると $|a_n - \alpha|$ が限りなく 0 に近づいていくとき), 数列 $\{a_n\}$ は α に**収束する**といい,

$$\lim_{n \to \infty} a_n = \alpha \quad \text{または} \quad a_n \to \alpha \ (n \to \infty)$$

と表す. α を数列 $\{a_n\}$ の**極限** (あるいは**極限値**) という.

収束しない数列を, **発散する**という. 発散する数列 $\{a_n\}$ のうち, n が限りなく大きくなるとき a_n が限りなく大きくなるものを, ∞ に発散するといい,

$$\lim_{n \to \infty} a_n = \infty \quad \text{または} \quad a_n \to \infty \ (n \to \infty)$$

と表す. また $-a_n \to \infty \ (n \to \infty)$ となるような数列を, $-\infty$ に発散するといい,

$$\lim_{n \to \infty} a_n = -\infty \quad \text{または} \quad a_n \to -\infty \ (n \to \infty)$$

と表す.

さて, 数列の極限については次の定理が成り立つ.

定理 2.1 (数列の極限の四則演算) 収束する数列 $\{a_n\}, \{b_n\}$ について $\lim_{n \to \infty} a_n = \alpha, \ \lim_{n \to \infty} b_n = \beta$ とするとき, 次が成り立つ.

(i) $\displaystyle\lim_{n \to \infty}(a_n + b_n) = \alpha + \beta$

(ii) $\displaystyle\lim_{n \to \infty} c a_n = c\alpha$ (c は定数)

(iii) $\displaystyle\lim_{n \to \infty} a_n b_n = \alpha \beta$

(iv) $\beta \neq 0$ のとき, $\displaystyle\lim_{n \to \infty} \frac{a_n}{b_n} = \frac{\alpha}{\beta}$

証明 (i) と (iii) を示す. まず (i) を示すには,

$$|(a_n + b_n) - (\alpha + \beta)| \to 0 \ (n \to \infty) \tag{2.1}$$

をいえばよい. $|a_n - \alpha| \to 0, |b_n - \beta| \to 0 \ (n \to \infty)$ であったから, 絶対値の性質を用いると

$$|(a_n + b_n) - (\alpha + \beta)| = |(a_n - \alpha) + (b_n - \beta)|$$
$$\leqq |a_n - \alpha| + |b_n - \beta|$$
$$\to 0$$

となるが，$|(a_n + b_n) - (\alpha + \beta)| \geqq 0$ なので，これは (2.1) を意味する．

(iii) の証明には多少の技巧を要する．次を示せばいい．

$$|a_n b_n - \alpha\beta| \to 0 \quad (n \to \infty) \tag{2.2}$$

(2.2) の左辺を次のように計算する．

$$|a_n b_n - \alpha\beta| = |a_n b_n - a_n \beta + a_n \beta - \alpha\beta|$$
$$\leqq |a_n b_n - a_n \beta| + |a_n \beta - \alpha\beta|$$
$$= |a_n||b_n - \beta| + |a_n - \alpha||\beta|$$
$$= |a_n - \alpha + \alpha||b_n - \beta| + |a_n - \alpha||\beta|$$
$$\leqq (|a_n - \alpha| + |\alpha|)|b_n - \beta| + |a_n - \alpha||\beta|$$

ここでまた $|a_n - \alpha| \to 0, |b_n - \beta| \to 0 \ (n \to \infty)$ を用いると，最後の辺が限りなく 0 に近づくことが分かり，したがって (2.2) が示される． ∎

定理 2.2 (数列の極限と不等式) 収束する数列 $\{a_n\}, \{b_n\}$ について $\lim_{n\to\infty} a_n = \alpha, \lim_{n\to\infty} b_n = \beta$ とするとき，次が成り立つ．

(i) すべての n について $a_n \leqq b_n$ ならば，$\alpha \leqq \beta$

(ii) すべての n について $a_n \leqq c_n \leqq b_n$ であり，$\alpha = \beta$ ならば，$\lim_{n\to\infty} c_n = \alpha$

証明 (i) $c_n = b_n - a_n$ を考えることにより，すべての n について $c_n \geqq 0$ で $\lim_{n\to\infty} c_n = \gamma$ ならば，$\gamma \geqq 0$ が成り立つことを示せばよい．もし $\gamma < 0$ とすると，n が十分大きいときは $|c_n - \gamma|$ は 0 にとても近い値となるので，たとえば $|c_n - \gamma| < \dfrac{|\gamma|}{2}$ が成り立つ．これから $c_n < 0$ が得られるので仮定に反する．したがって $\gamma \geqq 0$ が成り立つことが示された．

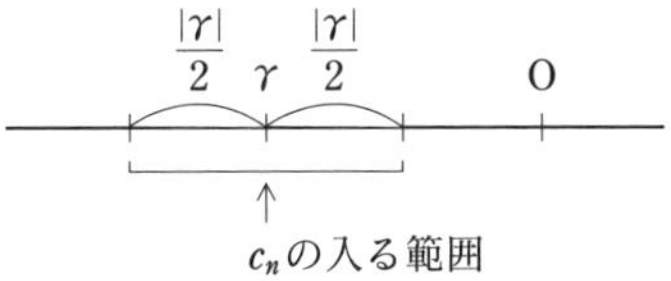

|γ|/2 γ |γ|/2   0

↑
c_n の入る範囲

図 2.3

$\left(a_n - \alpha \le c_n - \alpha\right).$

(ii) $a_n \leqq c_n \leqq b_n$ より $c_n - \alpha \leqq b_n - \alpha$ および $-(c_n - \alpha) \leqq -(a_n - \alpha)$ が成り立つ．これより

$$|c_n - \alpha| \leqq |a_n - \alpha| + |b_n - \alpha|$$

となることが分かる．したがって $|a_n - \alpha| \to 0, |b_n - \alpha| \to 0 \ (n \to \infty)$ により $|c_n - \alpha| \to 0 \ (n \to \infty)$ を得る．

例 2.1 任意の実数 a に対して，

$$\lim_{n \to \infty} \frac{a^n}{n!} = 0$$

が成り立つことを示せ．

解 a に対して $2|a| < N+1$ となる自然数 N をとる．すると $\left|\dfrac{a}{N+1}\right| < \dfrac{1}{2}$ となるので，$n > N$ のとき

$$\left|\frac{a^n}{n!}\right| = \left|\frac{a \cdot a \cdots\cdots a \cdot a \cdots\cdots a}{1 \cdot 2 \cdots\cdots N \cdot (N+1) \cdots\cdots n}\right|$$

$$< \left|\frac{a \cdot a \cdots\cdots a}{1 \cdot 2 \cdots\cdots N}\right| \cdot \left(\frac{1}{2}\right)^{n-N}$$

$$= \frac{(2|a|)^N}{N!} \cdot \frac{1}{2^n}$$

となる．したがって

$$-\frac{(2|a|)^N}{N!} \cdot \frac{1}{2^n} < \frac{a^n}{n!} < \frac{(2|a|)^N}{N!} \cdot \frac{1}{2^n}$$

を得る．ここで

$$\lim_{n\to\infty} -\frac{(2|a|)^N}{N!}\cdot\frac{1}{2^n} = \lim_{n\to\infty} \frac{(2|a|)^N}{N!}\cdot\frac{1}{2^n} = 0$$

が成り立つので，定理 2.2 (ii) により $\lim_{n\to\infty}\dfrac{a^n}{n!}=0$ を得る． ∎

さて，数列を使って実数を表すということの意味を説明しよう．実数 α の代わりに，それに収束する数列 $\{a_n\}$ を考える．数列の各項 a_n は，たとえば有理数のようなよく分かる数とする．これは，じつはわれわれになじみの方法である．たとえば円周率 π を表すのに，通常

$$\pi = 3.14159265358979\cdots\cdots \tag{2.3}$$

といった小数を使うが，これは π という実数の代わりに，π に収束する有理数からなる数列

$$a_1=3,\ a_2=3.1,\ a_3=3.14,\ a_4=3.141,\ a_5=3.1415,\cdots \tag{2.4}$$

を考えることに他ならない．このことから分かるように，実数を表すのに数列を使うというのは，実数をよく分かる数で近似するということでもある．そして実数について計算するときにも，数列を使うことができる．数列 $\{a_n\}$ の極限として定まる実数 α と数列 $\{b_n\}$ の極限として定まる実数 β について，たとえばその和 $\alpha+\beta$ を求めたければ，数列のレベルで和 a_n+b_n を考え，その極限を求めればよい．それを保証するのが定理 2.1 である．

数列を与え，その極限として実数をとらえるというこの方法には，しかし次の問題点がある．上の定義では，数列が何らかの実数に収束することを確かめるには，その極限値自体を知らなくてはならないのである．そこで極限値を知らなくても数列の収束を確かめる方法が必要となる．そのような方法はいくつも知られているが，ここでは直観的に分かりやすく応用上も十分役立つ方法を一つ紹介しよう．

数列 $\{a_n\}$ が**上に有界**とは，n に関係しない数 M があって

$$a_n \leqq M$$

がすべての n に対して成り立つことをいい，$\{a_n\}$ が**下に有界**とは，n に関係

しない数 m があって

$$m \leqq a_n$$

がすべての n に対して成り立つことをいう．また

$$a_1 \leqq a_2 \leqq a_3 \leqq \cdots \leqq a_{n-1} \leqq a_n \leqq \cdots$$

となる数列を**単調増加**といい，

$$a_1 \geqq a_2 \geqq a_3 \geqq \cdots \geqq a_{n-1} \geqq a_n \geqq \cdots$$

となる数列を**単調減少**という．

定理 2.3 上に有界な単調増加数列は収束する．下に有界な単調減少数列も収束する．

証明は，本書では扱わない．イメージとしては下の図の通りである．

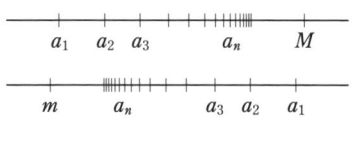

図 **2.4**

たとえば (2.4) で与えた数列は，すべての項が 4 より小さいので上に有界であり，n が増えるにつれて徐々に大きくなっていくから単調増加である．したがって定理 2.3 により収束することが分かる．

例 2.2 $A > 0$ に対し，$\sqrt{A}$ に収束する数列を次のように作ることができる．まず初項 a_1 としては，$a_1 > \sqrt{A}$ となる任意の数をとる．2 項目以降は漸化式

$$a_{n+1} = \frac{1}{2}\left(a_n + \frac{A}{a_n}\right) \qquad (n = 1, 2, \cdots) \tag{2.5}$$

により定める．こうして定まる数列 $\{a_n\}$ は，下に有界で単調減少である (問 2.1)．したがって定理 2.3 により収束することが分かる．その極限を α としよ

う．(2.5) の左辺 a_{n+1} の極限ももちろん α である．一方 (2.5) の右辺の極限は，定理 2.1 を用いると，

$$\lim_{n\to\infty} \frac{1}{2}\left(a_n + \frac{A}{a_n}\right) = \frac{1}{2}\left(\lim_{n\to\infty} a_n + \frac{A}{\lim_{n\to\infty} a_n}\right) = \frac{1}{2}\left(\alpha + \frac{A}{\alpha}\right)$$

となることが分かる．したがって

$$\alpha = \frac{1}{2}\left(\alpha + \frac{A}{\alpha}\right)$$

となり，これを解いて $\alpha = \sqrt{A}$ が得られる． ∎

問 2.1 上の例について次を示せ．
(1) すべての n について $a_n > \sqrt{A}$
(2) すべての n について $a_n > a_{n+1}$

注意 2.1 上の例では，数列 $\{a_n\}$ の収束を確かめたあとで定理 2.1 を適用して $\alpha = \sqrt{A}$ を導いた．このように，定理 2.1 を適用するにあたり，数列の収束を確かめることは必須である．たとえば $a_1 = 1, a_{n+1} = -2a_n$ で定まる数列 $\{a_n\}$ は，$a_1 = 1, a_2 = -2, a_3 = 4, a_4 = -8, \cdots$ のように明らかに発散するが，漸化式 $a_{n+1} = -2a_n$ に本当は適用してはいけない定理 2.1 をまちがって適用すると，$\lim_{n\to\infty} a_n = \alpha$ として $\alpha = -2\alpha$ となり，明らかにおかしな結論 $\alpha = 0$ が得られてしまう．

さて，数列には実数を与える力があったが，同じような働きをするものに級数がある．数列の各項の総和を**級数**という．すなわち数列 $\{a_n\}$ に対して，

$$a_1 + a_2 + \cdots + a_n + \cdots = \sum_{n=1}^{\infty} a_n$$

を級数というのである．級数は無限個の項の和なので，その正確な意味づけが必要となるが，それには次のようにする．級数 $\sum_{n=1}^{\infty} a_n$ に対し，

$$S_n = \sum_{k=1}^{n} a_k \qquad (n = 1, 2, 3, \cdots)$$

により新しい数列 $\{S_n\}$ を定める．これを部分和による数列とよぶ．この数列 $\{S_n\}$ が収束するとき級数 $\sum_{n=1}^{\infty} a_n$ は収束するといい，$\{S_n\}$ の極限 S を級数 $\sum_{n=1}^{\infty} a_n$ の和とよび

$$\sum_{n=1}^{\infty} a_n = S$$

と表す．収束しない級数は発散するという．

例 2.3 (1) $\sum_{n=1}^{\infty} \dfrac{1}{n}$ は発散する．

(2) $s > 1$ となる任意の実数 s に対して，$\sum_{n=1}^{\infty} \dfrac{1}{n^s}$ は収束する．

(3) $\sum_{n=0}^{\infty} \dfrac{1}{n!}$ は収束する．なお，その和の値は自然対数の底

$$e = 2.7182818\cdots\cdots \tag{2.6}$$

である．

これらの証明に興味がある人は，付録を参照のこと．

上の例の e と同様に，π も級数により与えることができる．たとえば

$$1 - \frac{1}{3} + \frac{1}{5} - \frac{1}{7} + \cdots\cdots = \frac{\pi}{4} \tag{2.7}$$

という公式は Gregory (グレゴリー) の公式 (または Leibniz (ライプニッツ) の公式) とよばれ，17 世紀に発見されている．左辺の級数の和を計算してそれを 4 倍すれば π の値が求まるが，この級数の収束する速さは緩慢で，実際の計算には適さない．たとえば第 1000 項目であってもその絶対値は $\dfrac{1}{1999} \fallingdotseq 0.0005$ で，π の値にとってはおよそ $4 \times 0.0005 = 0.002$ となり，この前後の項を 1 項加える毎に小数第 3 位の数値が変動してしまうのである．その後次の Machin (マチン) の公式 (1706 年) が発見された．

$$\frac{\pi}{4} = 4\left(\frac{1}{5} - \frac{1}{3 \cdot 5^3} + \frac{1}{5 \cdot 5^5} - \cdots\right)$$
$$- \left(\frac{1}{239} - \frac{1}{3 \cdot 239^3} + \frac{1}{5 \cdot 239^5} - \cdots\right) \quad (2.8)$$

この右辺の級数の収束は速く，π の計算をするのに実用的であった．たとえば小数第 3 位の値までを正確に求めるには，(2.8) の右辺の第 1 のカッコからはじめの 3 項，第 2 のカッコからはじめの 1 項だけを持ってきてその 4 項の和を計算すればよい．これらの公式は，微分法の Taylor (テイラー) 展開を用いて証明される (第 3 章 3.3 節参照)．

級数も本質的には数列であり，理論的に新しい側面をもたらす概念ではないが，級数を用いると自然にとらえることができるものもある．数列のところで π の無限小数を数列ととらえる見方を紹介したが，一般に無限小数は級数ととらえる方が自然である．0 以上の無限小数は，0 以上の整数 a_0 と，0 から 9 までの間の整数 $a_1, a_2, a_3, \cdots$ により

$$a_0.a_1 a_2 a_3 \cdots \cdots \quad (2.9)$$

と表される (ある桁以降がすべて 0 の場合は有限小数あるいは整数となるが，その場合も含めて (2.9) の形の数のことを無限小数とよぶことにする) が，これは級数

$$a_0 + \sum_{n=1}^{\infty} \frac{a_n}{10^n} \quad (2.10)$$

を書き直したものに他ならない．この級数の収束は次のように示される．$S_n = a_0 + \sum_{k=1}^{n} \frac{a_k}{10^k}$ とおくと，すべての n について $S_n \leqq a_0 + 1$ が成り立つから，数列 $\{S_n\}$ は上に有界である．また $S_n - S_{n-1} = \frac{a_n}{10^n} \geqq 0$ であるから，$\{S_n\}$ は単調増大である．したがって定理 2.3 により $\{S_n\}$ は収束し，それは級数 (2.10) の収束を意味するのであった．

0 以下の無限小数は，0 以上の無限小数の (-1) 倍としてとらえられる．今注意したように，無限小数は必ずある実数に収束するのであるが，じつは実数の全体は (0 以上および 0 以下の) 無限小数全体で尽くされることが知られて

いる．すなわち，実数の全体を $\mathbf{R}$ で表すと，

$$\mathbf{R} = (無限小数全体)$$

となるのである．

2.2 連続関数

数直線上の区間を表す記号を導入しよう．$a<b$ とするとき，$a<x<b$ となる x の集合を**開区間**といい (a,b) で表す．また $a \leqq x \leqq b$ となる x の集合を**閉区間**といい $[a,b]$ で表す．

$$(a,b) = \{x \mid a < x < b\}$$
$$[a,b] = \{x \mid a \leqq x \leqq b\}$$

このほかにも，たとえば $a<x\leqq b$，$a\leqq x$，$x<b$ なども考えられるが，それぞれ $(a,b]$，$[a,\infty)$，$(-\infty,b)$ のように表すことにする．

関数 $f(x)$ を考える．x が a とは異なる値をとりながら a に限りなく近づくとき，$f(x)$ が α に限りなく近づくならば，すなわち

$$|f(x) - \alpha| \to 0 \quad (|x - a| \to 0, x \neq a)$$

となるとき，α を $f(x)$ の $x \to a$ における**極限** (または**極限値**) とよび，

$$\lim_{x \to a} f(x) = \alpha \quad \text{または} \quad f(x) \to \alpha \quad (x \to a)$$

と表す．

また x が a より大きい値をとりながら a に限りなく近づくことを $x \to a+0$ と表し，x が a より小さい値をとりながら a に限りなく近づくことを $x \to a-0$ と表す．a が 0 のときはそれぞれ $x \to +0, x \to -0$ が用いられる．

関数の極限については，数列の極限と同様に次の二つの定理が成り立つ．証明は数列の場合と同様なので省略する．

定理 2.4 (関数の極限の四則演算) $\displaystyle\lim_{x \to a} f(x) = \alpha, \lim_{x \to a} g(x) = \beta$ とするとき，次が成り立つ．

(i) $\displaystyle\lim_{x\to a}(f(x)+g(x)) = \alpha+\beta$

(ii) $\displaystyle\lim_{x\to a}(cf(x)) = c\alpha$ (c は定数)

(iii) $\displaystyle\lim_{x\to a}(f(x)g(x)) = \alpha\beta$

(iv) $g(x)\neq 0, \beta\neq 0$ のとき,$\displaystyle\lim_{x\to a}\frac{f(x)}{g(x)} = \frac{\alpha}{\beta}$

定理 2.5 (関数の極限と不等式) $\displaystyle\lim_{x\to a}f(x)=\alpha, \lim_{x\to a}g(x)=\beta$ とするとき,次が成り立つ.

(i) つねに $f(x)\leqq g(x)$ ならば,$\alpha\leqq\beta$

(ii) つねに $f(x)\leqq h(x)\leqq g(x)$ で $\alpha=\beta$ ならば,
$$\lim_{x\to a}h(x)=\alpha$$

関数の極限を考えるとき注意してほしいのは,$\displaystyle\lim_{x\to a}f(x)$ には $f(a)$ の値は関係しないということである.それどころか,$f(x)$ が $x=a$ で定義されている必要すらない.次の例はこの注意に該当する場合になっており,また三角関数の微分を考えるときの基礎を与えるものである.

例 2.4
$$\lim_{x\to 0}\frac{\sin x}{x}=1 \tag{2.11}$$
を示せ.

解 $\dfrac{\sin(-x)}{-x}=\dfrac{\sin x}{x}$ であるので,$x>0$ の場合に考えれば十分である.そこで $x>0$ とする.半径 1 の円の周の長さが 2π,面積が π であることを認めると,角度 x (ラジアン) の扇形の面積は
$$\pi\times\frac{x}{2\pi}=\frac{x}{2}$$
で与えられることが分かる.すると図 2.5 における △ABC,扇形 ABC,△ADC

の面積を比べて，
$$\frac{\sin x}{2} < \frac{x}{2} < \frac{\tan x}{2}$$
を得る．

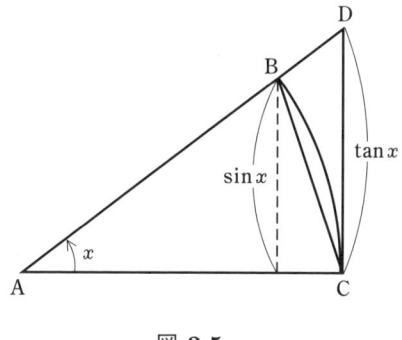

図 2.5

これより
$$\cos x < \frac{\sin x}{x} < 1$$
が得られるが，ここで $x \to 0$ の極限を考えると，$\cos x \to 1$ なので，定理 2.5 (ii) によって $\frac{\sin x}{x} \to 1$ となる． ∎

連続関数

区間 I で定義された関数 $f(x)$ を考える．

定義 2.2 (連続関数)　(i)　$a \in I$ とする．
$$\lim_{x \to a} f(x) = f(a)$$
が成り立つとき，$f(x)$ は $x = a$ で**連続**であるという．

(ii)　$f(x)$ が区間 I のすべての点で連続のとき，$f(x)$ は I で**連続**であるという．

例 2.5 次のグラフをもつ関数は，$x = a$ で連続でない．

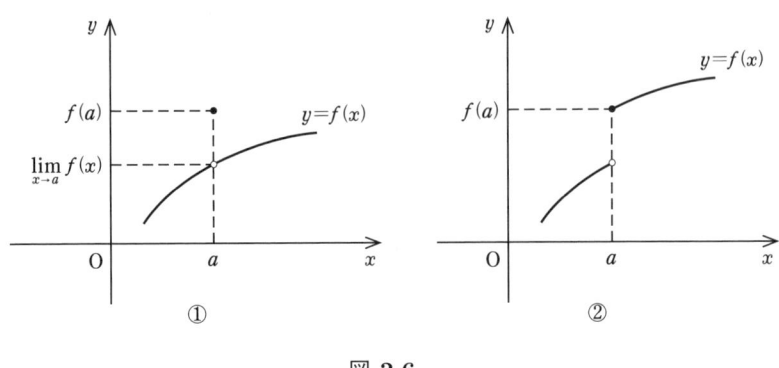

図 2.6

①の場合は $\lim_{x \to a} f(x)$ と $f(a)$ の値がくいちがっている．②の場合は，$\lim_{x \to a} f(x)$ が存在しない． ∎

　この例から分かるように，区間 I で連続な関数とは，グラフがつながっているような関数のことである．われわれがふだん目にする多くの関数は連続関数である．
　定義 2.2 と定理 2.4 から，二つの連続関数の和・差・積，および分母が 0 にならないときの商は，また連続関数となることが分かる．二つの連続関数の合成関数は，それが定義される区間において連続となることも分かる．
　連続関数には，次の二つの重要な性質がある．

定理 2.6 (中間値の定理) $f(x)$ は区間 $[a, b]$ で連続で，$f(a) \neq f(b)$ とする．k を $f(a)$ と $f(b)$ の間の任意の値とするとき，$f(c) = k$ となるような点 c が，区間 (a, b) に少なくとも一つ存在する．

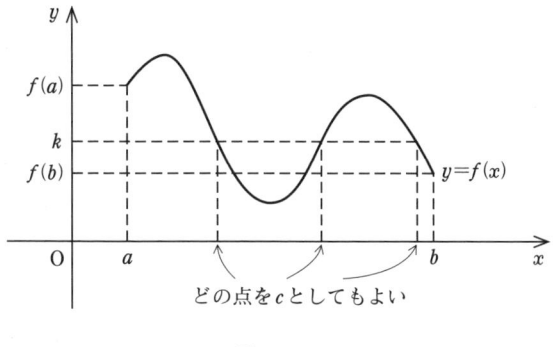

図 2.7

定理 2.7 (閉区間における最大・最小の存在) 関数 $f(x)$ が閉区間 $[a,b]$ で連続とするとき，$f(x)$ の $[a,b]$ における最大値および最小値が存在する．

これら二つの定理は，連続関数のグラフがつながっていることと，実数の連続性を考えあわせれば，直観的には明らかと思われる．きちんと証明するためには，いくつかの概念を準備し，論理を積み重ねていく必要があるため，本書では証明は省略する．

例 2.6 方程式 $4x^5 - x^3 + x^2 + 1 = 0$ は，区間 $(-1, 0)$ の間に解をもつことを示せ．

解 $f(x) = 4x^5 - x^3 + x^2 + 1$ とおくと，$f(x)$ は実数全体で連続である．$f(-1) = -1, f(0) = 1$ であるので，-1 と 1 の間の数である 0 を考えると，中間値の定理により，$f(c) = 0$ となる点 c が区間 $(-1, 0)$ に必ず存在することになる．この c が方程式の解である． ■

2.3 初等関数

この節では，三角関数，指数関数などの初等関数とよばれるいくつかの関数を紹介する．多くは読者にとってなじみの関数であろうが，逆三角関数という新しい関数も登場する．ここに現れる関数はすべて，それぞれの定義域において連続である．

指数関数 e^x

自然対数の底 e の x 乗と理解しても，とりあえず十分である．その主な性質をまとめよう．

定義域・値域 定義域は $\mathbf{R}$ (実数全体)，値域は $(0, \infty)$

グラフ 定義域全体で単調増加で，特別な点における値 (特殊値という) については，

$$e^0 = 1, \quad e^1 = e \tag{2.12}$$

$$\lim_{x \to \infty} e^x = \infty, \quad \lim_{x \to -\infty} e^x = 0 \tag{2.13}$$

となっている．グラフは図の通りである．

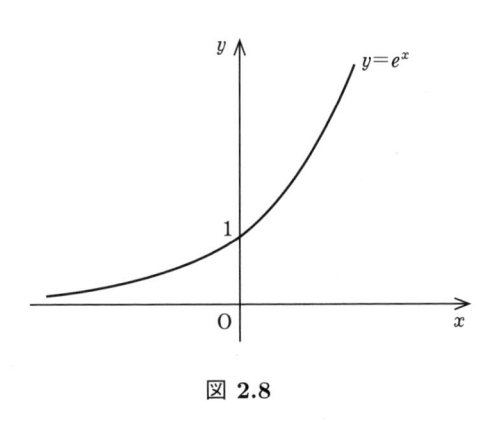

図 2.8

加法定理 すべての実数 x, y に対して

$$e^{x+y} = e^x e^y \tag{2.14}$$

加法定理を用いると，$y = -x$ の場合を考えることにより

$$e^{-x} = \frac{1}{e^x} \tag{2.15}$$

が得られる．

指数関数 e^x は，他にもいくつかのやり方で定義される．具体的な実数 x (た

とえば $x = \sqrt{2}$ など) に対して e^x の値を求めようというときや，e^x の微分積分を考えるときには，e という数の x 乗という定義は実用的ではない．そのようなときに役立つ別な定義を紹介しよう．それは級数を用いる方法で，

$$e^x = 1 + \sum_{n=1}^{\infty} \frac{x^n}{n!} \tag{2.16}$$

と定めるのである．(2.16) の右辺の級数は，任意の実数 x に対して収束することが知られているので，x を変数とする関数を与える．たとえば $x = 0$ を代入すると右辺は 1 となるので $e^0 = 1$，また $x = 1$ を代入すると右辺は $1 + \sum_{n=1}^{\infty} \frac{1}{n!} = e$ となるので $e^1 = e$ となり，(2.12) については確かめられた．そのほか加法定理をはじめ上に挙げた指数関数の性質がすべて満たされることが分かり，(2.16) で与えた関数は e の x 乗と一致するのである．以上の議論については，付録に解説を載せておいたので参照のこと．(2.16) の右辺の初項 1 を $\sum$ 記号の中に繰り込んだ表記方法もよく用いられる．

$$e^x = \sum_{n=0}^{\infty} \frac{x^n}{n!}$$

なお指数関数 e^x には，さらに別の定義

$$e^x = \lim_{n \to \infty} \left(1 + \frac{x}{n}\right)^n \tag{2.17}$$

もある．(2.17) の右辺がすべての実数 x に対して収束し，(2.16) で定義された e^x と同じ関数を与えることが知られている．

対数関数 $\log x$

対数関数 $\log x$ は，指数関数 e^x の逆関数として定義される．すなわち，

$$y = \log x \iff e^y = x \tag{2.18}$$

この定義から，次はただちに従う．

$$e^{\log x} = x, \quad \log e^x = x \tag{2.19}$$

逆関数ということから，定義域と値域は e^x の定義域と値域を入れ替えたものになり，またグラフは，e^x のグラフを直線 $y = x$ に関して折り返したものに

なる．このように対数関数の性質は，すべて指数関数の性質から導かれる．対数関数の性質をまとめておく．

定義域・値域 定義域は $(0, \infty)$，値域は $\mathbf{R}$

グラフ 定義域全体で単調増加で，特殊値については，

$$\log 1 = 0, \quad \log e = 1 \tag{2.20}$$

$$\lim_{x \to +0} \log x = -\infty, \quad \lim_{x \to \infty} \log x = \infty \tag{2.21}$$

となっている．グラフは図の通りである．

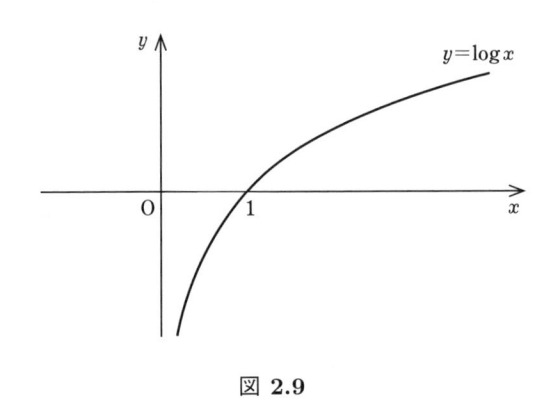

図 2.9

公式 すべての正の実数 x, y に対して

$$\log(xy) = \log x + \log y \tag{2.22}$$

問 2.2 公式 (2.22) を，指数関数の加法定理 (2.14) と対数関数の定義 (2.18) から導け．

底が一般の指数関数 a^x

$a > 0$ とするとき，a を底とする指数関数 a^x を考えることができる．素朴には a の x 乗と思ってよいのだが，微分積分を行うにはそれでは不十分である．正確には，指数関数と対数関数を用いて，次のように定義する．

$$a^x = e^{x \log a} \tag{2.23}$$

定義域・値域　定義域は $\mathbf{R}$, 値域は $(0, \infty)$

グラフ　$a > 1$ なら単調増加, $0 < a < 1$ なら単調減少である. 特殊値として

$$a^0 = 1 \tag{2.24}$$

グラフは図の通りである.

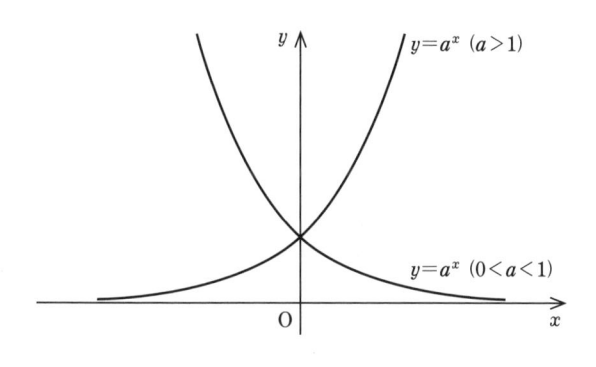

図 2.10

公式　すべての実数 x, y に対して

$$a^{x+y} = a^x a^y \tag{2.25}$$

$$(a^x)^y = a^{xy} \tag{2.26}$$

証明　(2.25) は定義 (2.23) と加法公式 (2.14) を用いて次の通り示される.

$$a^{x+y} = e^{(x+y)\log a} = e^{x\log a + y\log a} = e^{x\log a} e^{y\log a} = a^x a^y$$

(2.26) については, $a^x = u$ とおくと, 定義 (2.23) より

$$(a^x)^y = u^y = e^{y \log u}$$

である．同じく定義 (2.23) より $u = a^x = e^{x \log a}$ であるから，対数関数の定義 (2.16) から

$$x \log a = \log u$$

となる．これを上の式に代入して，

$$(a^x)^y = e^{y \log u} = e^{y \cdot x \log a} = e^{xy \log a} = a^{xy}$$

となる． ∎

ベキ関数 x^a

a を実数とするとき，ベキ関数 x^a は素朴には x の a 乗であるが，a^x のときと同様に正確には次のように定義する．

$$x^a = e^{a \log x} \tag{2.27}$$

定義域・値域 定義域は $(0, \infty)$，値域も $(0, \infty)$ (ただし a が正の整数のときには定義域は $\mathbf{R}$, a が負の整数のときには定義域は $(-\infty, 0) \cup (0, \infty)$ となる)

グラフ グラフは図の通りである．

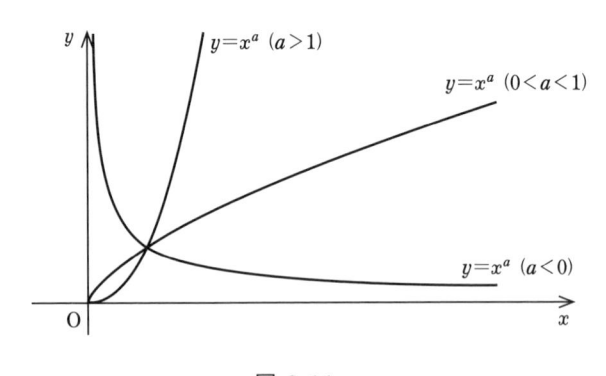

図 2.11

三角関数 $\sin x, \cos x, \tan x$

一般角 x (ラジアン) に対する三角関数 $\sin x, \cos x$ は，図の通り定義する．

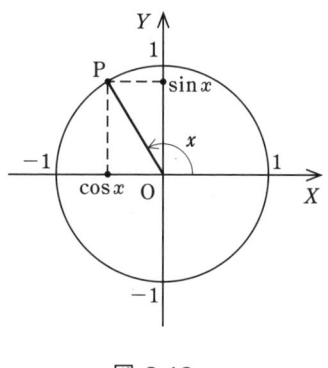

図 2.12

すなわち XY-平面の単位円上の点 P について，P と原点 O を結ぶ線分が X 軸の正の部分となす角度を x とするとき，P の X 座標を $\cos x$, Y 座標を $\sin x$ と定めるのである．$\tan x$ は

$$\tan x = \frac{\sin x}{\cos x} \tag{2.28}$$

により定める．

定義域・値域　定義域と値域は次の表のようになっている．

	定義域	値域
$\sin x$	$\mathbf{R}$	$[-1, 1]$
$\cos x$	$\mathbf{R}$	$[-1, 1]$
$\tan x$	$\{x \mid x \neq \frac{\pi}{2} + n\pi\ (n\ は整数)\}$	$\mathbf{R}$

グラフ　グラフは次ページの通りである．

定義からただちに分かるように，$\sin x, \cos x$ には 2π を周期とする周期性

$$\sin(x + 2n\pi) = \sin x, \quad \cos(x + 2n\pi) = \cos x \qquad (n\ は整数) \tag{2.29}$$

がある．また $\tan x$ については，π を周期とする周期性がある．

$$\tan(x + n\pi) = \tan x \qquad (n\ は整数) \tag{2.30}$$

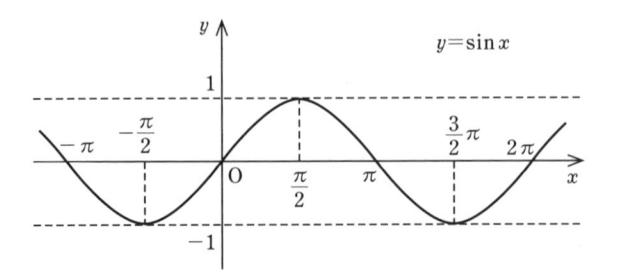

図 2.13

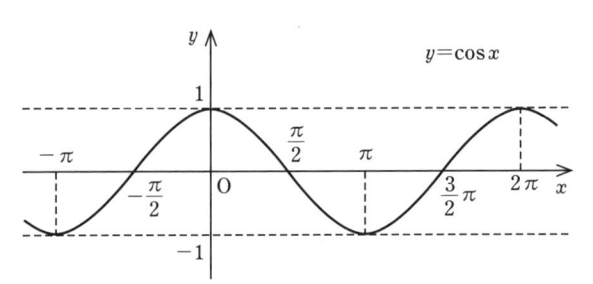

図 2.14

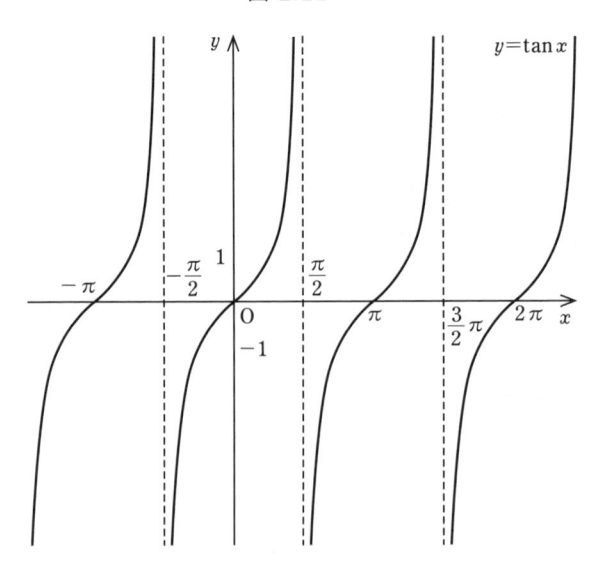

図 2.15

公式 1 次の公式は，定義からただちにみちびかれる．

$$\sin^2 x + \cos^2 x = 1 \tag{2.31}$$

$$\sin(-x) = -\sin x, \qquad \cos(-x) = \cos x \tag{2.32}$$

$$\sin(\pi - x) = \sin x, \qquad \cos(\pi - x) = -\cos x \tag{2.33}$$

$$\sin\left(\frac{\pi}{2} - x\right) = \cos x, \quad \cos\left(\frac{\pi}{2} - x\right) = \sin x \tag{2.34}$$

公式 2（加法定理）

$$\begin{cases} \sin(x+y) = \sin x \cos y + \cos x \sin y \\ \cos(x+y) = \cos x \cos y - \sin x \sin y \end{cases} \tag{2.35}$$

公式 3（正弦定理・余弦定理） △ABC において，次が成り立つ．

$$\frac{a}{\sin A} = \frac{b}{\sin B} = \frac{c}{\sin C} \tag{2.36}$$

$$c^2 = a^2 + b^2 - 2ab\cos C \tag{2.37}$$

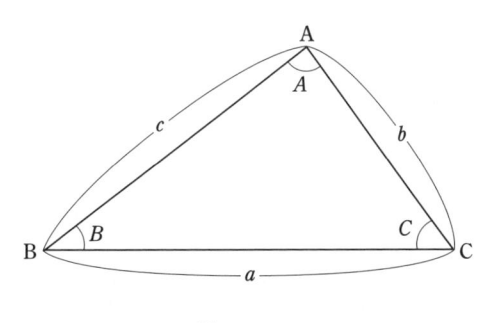

図 2.16

(2.36) を**正弦定理**，(2.37) を**余弦定理**という．

逆三角関数 $\sin^{-1} x$, $\cos^{-1} x$, $\tan^{-1} x$

指数関数の逆関数である対数関数が有用な関数であったように，有用な関数の逆関数は有用な関数となることが期待される．そこで三角関数の逆関数を考

えようと思うが，三角関数はその周期性 (2.29), (2.30) や公式 (2.32), (2.33) などから分かるように，このままでは逆関数をもたない．逆関数が定義できるためには，値域の各値に対して定義域の値がただ一つだけ対応している必要があるからである．そこで三角関数の定義域を適当に制限して，制限された定義域の値と値域の値が $1:1$ に対応するようにすることで，逆関数を考える．

まず $\sin x$ については，定義域を $\left[-\frac{\pi}{2}, \frac{\pi}{2}\right]$ に制限すると，ここで単調増加で値域は $[-1, 1]$ のままである．これの逆関数を $\sin^{-1} x$ で表す．すなわち，

$$y = \sin^{-1} x \iff \begin{cases} \sin y = x \\ -\dfrac{\pi}{2} \leq y \leq \dfrac{\pi}{2} \end{cases} \tag{2.38}$$

$\sin^{-1} x$ は $\arcsin x$ とも書かれ，両方ともアークサイン x とよぶ．$\sin^{-1} x$ という記号は $\dfrac{1}{\sin x}$ と混乱しやすいが，この二つはまったく別のものであることを注意しておく．

次に $\cos x$ については，定義域を $[0, \pi]$ に制限すると，単調減少となり値域は $[-1, 1]$ のままである．これの逆関数を $\cos^{-1} x$ で表す．すなわち

$$y = \cos^{-1} x \iff \begin{cases} \cos y = x \\ 0 \leq y \leq \pi \end{cases} \tag{2.39}$$

$\cos^{-1} x$ は $\arccos x$ とも書かれ，アークコサイン x とよばれる．$\cos^{-1} x$ を $\dfrac{1}{\cos x}$ と間違えないよう注意せよ．

最後に $\tan x$ については，定義域を $\left(-\dfrac{\pi}{2}, \dfrac{\pi}{2}\right)$ に制限することで，単調増加で値域が $\mathbf{R}$ のままとなる．これの逆関数を $\tan^{-1} x$ で表す．すなわち

$$y = \tan^{-1} x \iff \begin{cases} \tan y = x \\ -\dfrac{\pi}{2} < y < \dfrac{\pi}{2} \end{cases} \tag{2.40}$$

$\tan^{-1} x$ は $\arctan x$ とも書かれ，アークタンジェント x とよばれる．$\tan^{-1} x$ を $\dfrac{1}{\tan x}$ と間違えないよう注意せよ．

$\sin^{-1} x, \cos^{-1} x, \tan^{-1} x$ を総称して**逆三角関数**とよぶ．

定義域・値域

	定義域	値域
$\sin^{-1} x$	$[-1,1]$	$\left[-\dfrac{\pi}{2}, \dfrac{\pi}{2}\right]$
$\cos^{-1} x$	$[-1,1]$	$[0, \pi]$
$\tan^{-1} x$	$\mathbf{R}$	$\left(-\dfrac{\pi}{2}, \dfrac{\pi}{2}\right)$

グラフ　逆三角関数のグラフは，定義域を制限した三角関数のグラフを直線 $y = x$ に関して折り返したものになり，図 2.17 のように与えられる．ただ

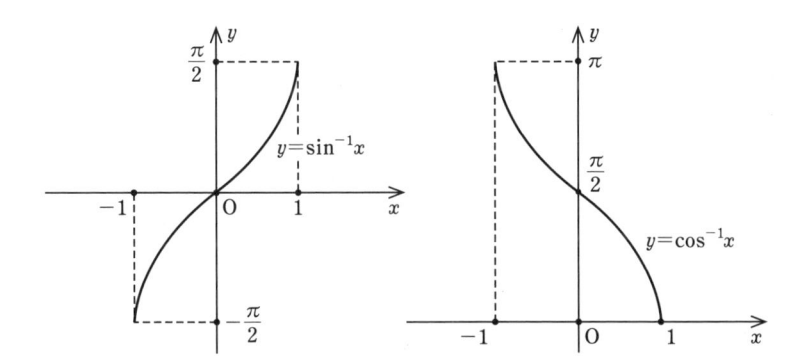

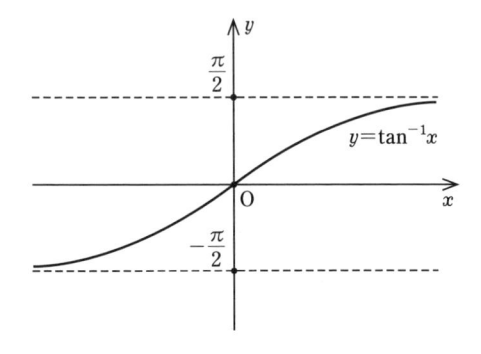

図 2.17

しあまりこのグラフを覚える必要はない．三角関数のグラフだけを覚えておいて，定義域を制限していることに留意しながら x 軸と y 軸の役割を入れ替えて考えれば，逆三角関数の値を読みとるには十分である．

特殊値 逆三角関数のいくつかの特殊値を求めるのは，逆三角関数の定義を身につけるのによい練習となる．そこで次の表に与えられた x の値に対する $\sin^{-1} x, \cos^{-1} x, \tan^{-1} x$ の値を求め，特殊値の表を完成することを問とする．

x	-1	$-\dfrac{\sqrt{3}}{2}$	$-\dfrac{\sqrt{2}}{2}$	$-\dfrac{1}{2}$	0	$\dfrac{1}{2}$	$\dfrac{\sqrt{2}}{2}$	$\dfrac{\sqrt{3}}{2}$	1
$\sin^{-1} x$									
$\cos^{-1} x$									

x	$-\sqrt{3}$	-1	$-\dfrac{\sqrt{3}}{3}$	0	$\dfrac{\sqrt{3}}{3}$	1	$\sqrt{3}$
$\tan^{-1} x$							

問 2.3 上の逆三角関数の特殊値の表を完成させよ．

問 2.4 次の式を示せ．
(1) $\sin^{-1} x + \cos^{-1} x = \dfrac{\pi}{2}$
(2) $\cos(\sin^{-1} x) = \sqrt{1 - x^2}$
(3) $\tan^{-1} x + \tan^{-1} \dfrac{1}{x} = \dfrac{\pi}{2} \quad (x > 0)$

問題 2

1. $n \to \infty$ のときの極限を求めよ．
(1) $\dfrac{2n}{n^2 + 1}$
(2) $\dfrac{3n^2 + 2n + 5}{n^2 + 1}$
(3) $r^n \quad (r > 1)$
(4) $r^n \quad (0 < r < 1)$

(5) $\dfrac{1}{n!}$ (6) $\dfrac{n^3}{n!}$

(7) $\dfrac{a^n}{\sqrt{n!}}$ $(a > 1)$ (8) $\dfrac{3n+2}{\sqrt{n^2+1}}$

(9) $\dfrac{\sqrt{2n^2+2}}{\sqrt[3]{n^3+1}}$ (10) $\sqrt{n}-\sqrt{n-1}$

2. $0 \leqq a_n \leqq A_n$ とし，級数 $\sum\limits_{n=1}^{\infty} A_n$ が収束しているとする．このとき，級数 $\sum\limits_{n=1}^{\infty} a_n$ も収束することを示せ．

3. 次の極限を求めよ．

(1) $\lim\limits_{x\to 1}\dfrac{x^3-1}{x-1}$ (2) $\lim\limits_{x\to 1}\dfrac{x^3-1}{x^2-1}$

(3) $\lim\limits_{x\to 1}\dfrac{1-x^2}{x^2-3x+2}$ (4) $\lim\limits_{x\to 2+0}\dfrac{x^2-5x+6}{\sqrt{x^2-4}}$

(5) $\lim\limits_{x\to\infty}\dfrac{ax+b}{cx+d}$ $(c\ne 0)$ (6) $\lim\limits_{x\to 0}\dfrac{\sin ax}{x}$ $(a>0)$

(7) $\lim\limits_{x\to 0} x\sin\dfrac{1}{x}$ (8) $\lim\limits_{x\to 0}\dfrac{\sqrt{x^2+x+1}-\sqrt{x^2-x+1}}{x}$

4. 次の値を求めよ．

(1) $\sin 75°$ (2) $\tan 15°$

5. 三角関数の積を和で表す次の公式を示せ．

(1) $\sin\alpha\sin\beta = \dfrac{\cos(\alpha-\beta)-\cos(\alpha+\beta)}{2}$

(2) $\sin\alpha\cos\beta = \dfrac{\sin(\alpha+\beta)+\sin(\alpha-\beta)}{2}$

(3) $\cos\alpha\cos\beta = \dfrac{\cos(\alpha+\beta)+\cos(\alpha-\beta)}{2}$

6. x の式で表せ．

(1) $\tan(2\tan^{-1}x)$ (2) $\cos(2\cos^{-1}x)$

7. $(A,B)\ne(0,0)$ とするとき，

$$A\sin\theta + B\cos\theta = \sqrt{A^2+B^2}\cos(\theta-\varphi)$$

となる φ が存在することを示せ．

8. (1) 直線 $y = mx + b$ が x 軸となす角度 θ $\left(-\dfrac{\pi}{2} < \theta < \dfrac{\pi}{2}\right)$ を，m を用いて表せ．

(2) 二つのベクトル (a,b), (c,d) のなす角度 θ $(0 \leqq \theta \leqq \pi)$ を，a, b, c, d を用いて表せ．ただし $(a,b) \neq (0,0)$, $(c,d) \neq (0,0)$ とする．

第3章

微分法

3.1 微分係数と導関数

区間 I で定義された関数 $f(x)$ を考える.

定義 3.1 (微分可能,微分係数,導関数)
(i) $a \in I$ とする.極限

$$\lim_{x \to a} \frac{f(x) - f(a)}{x - a} \tag{3.1}$$

が存在するとき,$f(x)$ は $x = a$ で**微分可能**であるという.この極限を $f(x)$ の $x = a$ における**微分係数**とよび,

$$f'(a) \quad \text{または} \quad \frac{df}{dx}(a)$$

で表す.

(ii) $f(x)$ が区間 I のすべての点で微分可能のとき,$f(x)$ は I で**微分可能**であるという.区間 I の各点 a に $f'(a)$ を対応させることで,I で定義された関数が得られる.この関数を $f(x)$ の**導関数**とよび,

$$f'(x) \quad \text{または} \quad \frac{df}{dx}(x)$$

で表す.導関数を求めることを,**微分する**という.(3.1) の a を x に,x を $x+h$ に書き換えることで,導関数を直接定義する式

$$f'(x) = \lim_{h \to 0} \frac{f(x+h) - f(x)}{h} \tag{3.2}$$

が得られる．

第 1 章で説明したように，$f(x)$ が時刻 x における距離を表す関数の場合には，微分係数 $f'(a)$ は時刻 $x = a$ における速度を表すものになる．またグラフで考えると，微分係数 $f'(a)$ はグラフ $y = f(x)$ の $x = a$ における接線の傾きを与える量になる．

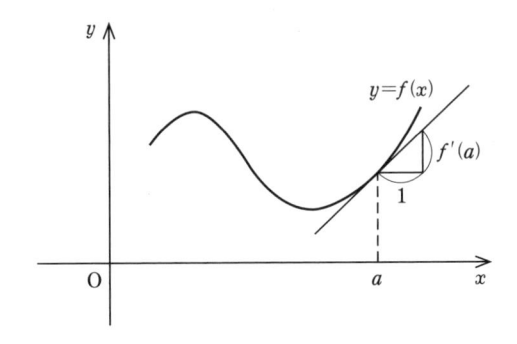

図 3.1

微分可能性の定義は，次のように言い換えることができる．

定義 3.2 (**微分可能 その 2**)　$f(x)$ が $a \in I$ で**微分可能**とは，実数 A が存在して，

$$f(x) = f(a) + A(x - a) + \varepsilon(x, a) \tag{3.3}$$

とおくとき (つまり $\varepsilon(x, a) = f(x) - f(a) - A(x - a)$ により $\varepsilon(x, a)$ を定めるとき)，

$$\lim_{x \to a} \frac{\varepsilon(x, a)}{x - a} = 0 \tag{3.4}$$

が成り立つことである．このときの A が微分係数 $f'(a)$ に他ならない．

$A = f'(a)$ とすれば，(3.3) で定まる $\varepsilon(x, a)$ が (3.4) を満たすことが，(3.1) と同値になることは明らかである．(3.3) は，x が a に近いときには，$f(x)$ が

1 次式 $f(a) + A(x-a)$ で近似できることを表現している．そう見たときには，$\varepsilon(x,a)$ は近似における誤差を与える量になる．

定義 3.2 を用いると，次の定理は簡単に示される．

定理 3.1 微分可能な関数は連続である．

証明 $f(x)$ が $x = a$ で微分可能とする．(3.3), (3.4) により
$$\lim_{x \to a} f(x) = \lim_{x \to a}(f(a) + A(x-a) + \varepsilon(x,a)) = f(a)$$
となるので，$f(x)$ は $x = a$ で連続となる． ∎

定理 3.2 (関数の四則演算と微分法) $f(x), g(x)$ が区間 I で微分可能のとき，次が成り立つ．

(i) $(f+g)' = f' + g'$
(ii) $(cf)' = cf'$ (c は定数)
(iii) $(fg)' = f'g + fg'$
(iv) $g(x) \neq 0$ となる点では $\left(\dfrac{f}{g}\right)' = \dfrac{f'g - fg'}{g^2}$

証明 (i), (ii) は，微分の定義と関数の極限の四則演算 (定理 2.4) からただちに従う．

(iii) を示そう．定理 3.1 により $g(x)$ は連続なので，$g(x) \to g(a)$ $(x \to a)$ となることに注意すると，
$$\begin{aligned}
\frac{f(x)g(x) - f(a)g(a)}{x-a} &= \frac{(f(x)g(x) - f(a)g(x)) + (f(a)g(x) - f(a)g(a))}{x-a} \\
&= \frac{f(x) - f(a)}{x-a}g(x) + f(a)\frac{g(x) - g(a)}{x-a} \\
&\to f'(a)g(a) + f(a)g'(a)
\end{aligned}$$
を得る．(iv) の証明は読者にゆだねる． ∎

問 3.1 定理 3.2 の (iv) を証明せよ．

定理 3.3 (合成関数の微分法) $g(t)$ が区間 I で微分可能で，その値域で

$f(x)$ が微分可能のとき,合成関数 $(f \circ g)(t) = f(g(t))$ は区間 I で微分可能となり,その導関数は

$$(f \circ g)'(t) = f'(g(t))\, g'(t) \tag{3.5}$$

で与えられる.

注意 3.1 (3.5) の右辺に現れる $f'(g(t))$ は,$f(x)$ の導関数 $f'(x)$ に $x = g(t)$ を代入したものである.

証明 (3.2) の定義より

$$\begin{aligned}(f \circ g)'(t) &= \lim_{h \to 0} \frac{(f \circ g)(t+h) - (f \circ g)(t)}{h} \\ &= \lim_{h \to 0} \frac{f(g(t+h)) - f(g(t))}{h}\end{aligned}$$

である.この右辺を計算しよう.$g(t+h) = g(t) + b$ とおく.$g(t)$ の連続性より $h \to 0$ のとき $b \to 0$ となることに注意すると,

$$\begin{aligned}\frac{f(g(t+h)) - f(g(t))}{h} &= \frac{f(g(t)+b) - f(g(t))}{h} \\ &= \frac{f(g(t)+b) - f(g(t))}{b} \cdot \frac{g(t+h) - g(t)}{h} \\ &\to f'(g(t)) \cdot g'(t)\end{aligned}$$

が得られる. ∎

初等関数の導関数

これらの定理を用いて,第 2 章で紹介した初等関数たちの微分を計算することができる.まず x^n については,導関数の定義式 (3.2) に基づいて微分を計算する.2 項定理を用いて計算していくと,

$$\begin{aligned}(x^n)' &= \lim_{h \to 0} \frac{(x+h)^n - x^n}{h} \\ &= \lim_{h \to 0} \frac{(x^n + \binom{n}{1}x^{n-1}h + \binom{n}{2}x^{n-2}h^2 + \cdots + \binom{n}{n-1}xh^{n-1} + h^n) - x^n}{h}\end{aligned}$$

$$= \lim_{h \to 0} \frac{\binom{n}{1}x^{n-1}h + \binom{n}{2}x^{n-2}h^2 + \cdots + \binom{n}{n-1}xh^{n-1} + h^n}{h}$$
$$= \lim_{h \to 0} \left(\binom{n}{1}x^{n-1} + \binom{n}{2}x^{n-2}h + \cdots + \binom{n}{n-1}xh^{n-2} + h^{n-1} \right)$$
$$= \binom{n}{1}x^{n-1}$$
$$= nx^{n-1}$$

となる.すなわち

$$(x^n)' = nx^{n-1} \tag{3.6}$$

多項式 $a_0 x^n + a_1 x^{n-1} + \cdots + a_{n-1}x + a_n$ の微分については,(3.6) と定理 3.2 を組み合わせることで計算される.

$$(a_0 x^n + a_1 x^{n-1} + \cdots + a_{n-1}x + a_n)'$$
$$= na_0 x^{n-1} + (n-1)a_1 x^{n-2} + \cdots + a_{n-1} \tag{3.7}$$

指数関数 e^x はベキ級数で定義された.ベキ級数の微分は,そのベキ級数が収束している範囲においては,級数の各項を微分して計算すればよいことが知られている.そこで e^x の微分を計算してみると,

$$(e^x)' = \left(1 + \frac{x}{1!} + \frac{x^2}{2!} + \frac{x^3}{3!} + \cdots + \frac{x^n}{n!} + \cdots \right)'$$
$$= 0 + \frac{1}{1!} + \frac{2x}{2!} + \frac{3x^2}{3!} + \cdots + \frac{nx^{n-1}}{n!} + \cdots$$
$$= 1 + \frac{x}{1!} + \frac{x^2}{2!} + \frac{x^3}{3!} + \cdots + \frac{x^n}{n!} + \cdots$$
$$= e^x$$

となる.すなわち

$$(e^x)' = e^x \tag{3.8}$$

対数関数 $\log x$ の微分は,指数関数との関係式 $e^{\log x} = x$ を用いて求められる.両辺を x で微分すると,左辺の微分には合成関数の微分法を適用すれば

$$e^{\log x} \cdot (\log x)' = 1$$
$$x \cdot (\log x)' = 1$$

となる．これより
$$(\log x)' = \frac{1}{x} \tag{3.9}$$

$a > 0$ を底とする指数関数 a^x の微分は，やはり合成関数の微分法を適用して
$$(a^x)' = (e^{x \log a})'$$
$$= e^{x \log a} \log a$$
$$= a^x \log a$$

となる．すなわち
$$(a^x)' = a^x \log a \tag{3.10}$$

ベキ関数 x^a の微分も同様に計算される．
$$(x^a)' = (e^{a \log x})'$$
$$= e^{a \log x} (a \log x)'$$
$$= x^a \cdot \frac{a}{x}$$
$$= a x^{a-1}$$

となる．すなわち
$$(x^a)' = a x^{a-1} \tag{3.11}$$

これは見掛け上，(3.6) の n を a で置き換えたものになっている．

三角関数の微分は次の通りである．

定理 3.4

$$(\sin x)' = \cos x, \quad (\cos x)' = -\sin x \tag{3.12}$$
$$(\tan x)' = \frac{1}{\cos^2 x} = 1 + \tan^2 x \tag{3.13}$$

証明 三角関数の加法定理を用いると，

$$\sin(x+h) - \sin x = \sin\left(x + \frac{h}{2} + \frac{h}{2}\right) - \sin\left(x + \frac{h}{2} - \frac{h}{2}\right)$$
$$= 2\cos\left(x + \frac{h}{2}\right)\sin\frac{h}{2}$$

となるので，第 2 章の例 2.4 を用いると，

$$(\sin x)' = \lim_{h \to 0} \frac{\sin(x+h) - \sin x}{h}$$
$$= \lim_{h \to 0} \cos\left(x + \frac{h}{2}\right) \cdot \frac{\sin\frac{h}{2}}{\frac{h}{2}}$$
$$= \cos x$$

を得る．$\cos x$ についても同様に示される．$\tan x$ については，$\tan x = \dfrac{\sin x}{\cos x}$ に対して定理 3.2 (iv) を用いるとよい． ∎

逆三角関数の微分は次の通りである．

定理 3.5

$$(\sin^{-1} x)' = \frac{1}{\sqrt{1-x^2}}, \quad (\cos^{-1} x)' = -\frac{1}{\sqrt{1-x^2}} \tag{3.14}$$

$$(\tan^{-1} x)' = \frac{1}{1+x^2} \tag{3.15}$$

証明 $y = \sin^{-1} x$ とすると，定義により $\sin y = x$, すなわち

$$\sin(\sin^{-1} x) = x$$

である．この両辺を x で微分して，

$$\cos(\sin^{-1} x) \cdot (\sin^{-1} x)' = 1,$$
$$(\sin^{-1} x)' = \frac{1}{\cos(\sin^{-1} x)} = \frac{1}{\cos y}$$

ここで $\sin y = x$ であったので，第 2 章 (2.31) により

$$\cos y = \pm\sqrt{1-\sin^2 y} = \pm\sqrt{1-x^2}$$

となる．一方，定義により $-\dfrac{\pi}{2} \leqq y \leqq \dfrac{\pi}{2}$ なので，$\cos y \geqq 0$．したがって上の複号は $+$ となる．以上により

$$(\sin^{-1} x)' = \frac{1}{\sqrt{1-x^2}}$$

が示された．$\cos^{-1} x$ についても同様である．

$y = \tan^{-1} x$ とすると，$\tan y = x$．よって

$$\tan(\tan^{-1} x) = x$$

両辺を x で微分して，

$$(1 + \tan^2(\tan^{-1} x)) \cdot (\tan^{-1} x)' = 1,$$

$$(\tan^{-1} x)' = \frac{1}{1+\tan^2(\tan^{-1} x)} = \frac{1}{1+\tan^2 y} = \frac{1}{1+x^2}$$

となり，(3.15) が示された． ■

例 3.1 $\tan^{-1} \dfrac{1}{x}$ を微分せよ．

解

$$\left(\tan^{-1} \frac{1}{x}\right)' = \frac{1}{1+\left(\dfrac{1}{x}\right)^2} \cdot \left(-\frac{1}{x^2}\right) = -\frac{1}{x^2+1}$$

となる． ■

3.2 平均値の定理，高階導関数と Taylor (テイラー) の定理

定理 3.6 (平均値の定理)　関数 $f(x)$ が $[a, b]$ で連続，(a, b) で微分可能とすると，

$$\frac{f(b) - f(a)}{b - a} = f'(c) \tag{3.16}$$

となる c が，少なくとも一つ $a < c < b$ の範囲に存在する．

この定理の意味は，図 3.2 を見ると直観的に把握されるであろう．

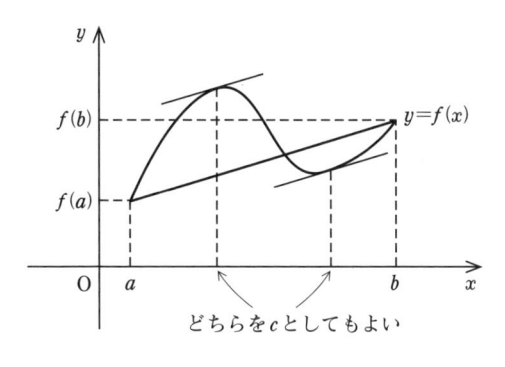

図 3.2

証明のために，次の補題[1]を用いる．

補題 3.7 [2]　関数 $f(x)$ が $[a,b]$ で連続，(a,b) で微分可能であり，$f(a) = f(b)$ ならば，$f'(c) = 0$ となる c が少なくとも一つ $a < c < b$ の範囲に存在する．

証明　$f(x)$ が区間 $[a,b]$ で定数なら，(a,b) 内のすべての点で $f'(x) = 0$ であるから，主張は明らかである．そこで $f(x)$ が (a,b) で $f(a) = f(b)$ 以外の値をとる場合を考える．すると，第 2 章定理 2.7 により $f(x)$ は区間 $[a,b]$ 内で最大値および最小値をとるが，そのうち少なくとも一方は $f(a) = f(b)$ と異なる値である (図 3.3 参照)．

最大値 $f(c)$ が $f(a) = f(b)$ より大きいとしよう．するともちろん $a < c < b$ であり，h を十分小さな正の数とすると $a < c-h < c < c+h < b$ とできる．$f(c)$ が最大値であったので $f(c-h) \leqq f(c), f(c+h) \leqq f(c)$ となる．これより

---

[1] 他の定理の証明に使われる定理のことを補題という．
[2] この補題は Rolle の定理とよばれる．

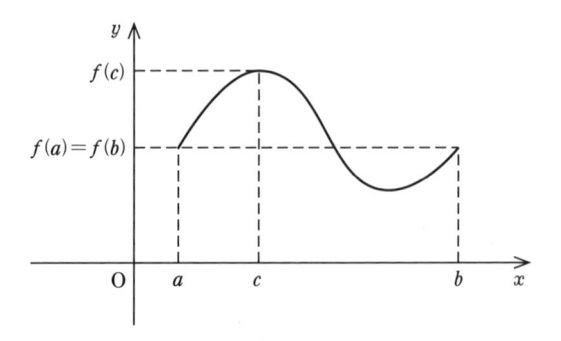

図 3.3

$$\frac{f(c-h)-f(c)}{-h} \geqq 0, \quad \frac{f(c+h)-f(c)}{h} \leqq 0$$

を得る．

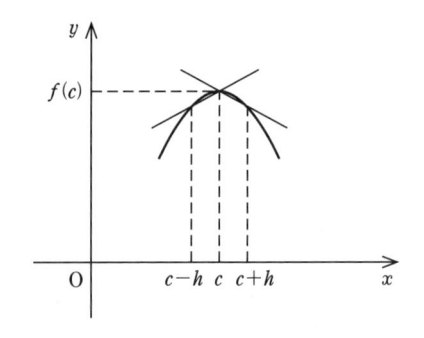

図 3.4

ここで $h \to 0$ という極限を考えると，第 2 章の定理 2.5 (i) により

$$f'(c) \geqq 0, \quad f'(c) \leqq 0$$

が得られ，したがって $f'(c) = 0$ となる．最小値が $f(a) = f(b)$ より小さい場合も同様に示される． ■

定理 3.6 の証明 補題 3.7 に帰着させることで証明する．

という関数を考えよう. $x = a, b$ を代入すると, $F(a) = F(b) = 0$ となることが分かる. したがって補題 3.7 が適用できて, $a < c < b$ の範囲に $F'(c) = 0$ となる点 c が存在することが分かる.

$$F'(x) = f'(x) - \frac{f(b) - f(a)}{b - a}$$

なので, $F'(c) = 0$ は (3.16) を意味する. ∎

平均値の定理を用いると, 次が示される.

系[3] 3.8 区間 I で $f'(x) = 0$ ならば, その区間で $f(x)$ は定数である.

証明 区間 I 内に任意に 1 点 a をとる. I 内のどの点 x に対しても $f(x) = f(a)$ であることをいえばよい.

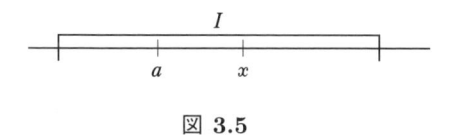

図 3.5

$a < x$ とすると, 平均値の定理を区間 $[a, x]$ に適用して,

$$\frac{f(x) - f(a)}{x - a} = f'(c)$$

となる c が $a < c < x$ の範囲にあるが, 仮定により $f'(c) = 0$ なので $f(x) = f(a)$ となる. $x < a$ の場合も同様である. ∎

区間 I で微分可能な関数 $f(x)$ の導関数 $f'(x)$ がまた微分可能のとき, $f'(x)$ の導関数を $f(x)$ の 2 階導関数とよんで,

$$f''(x) \quad \text{または} \quad \frac{d^2 f}{dx^2}(x)$$

---

[3] 定理からすぐに導かれる別の定理のことを, 元の定理の系という.

と表す．2 階導関数は $f(x)$ を 2 回微分したものである．さらに $f''(x)$ も微分可能のとき，$f''(x)$ の導関数を $f(x)$ の 3 階導関数とよぶ．以下同様にして，$f(x)$ が n 回微分可能のとき，$f(x)$ を順次 n 回微分したものを n 階導関数とよび，

$$f^{(n)}(x) \quad \text{または} \quad \frac{d^n f}{dx^n}(x)$$

と表す．2 階以上の導関数を総称して，**高階導関数**とよぶ．

さて平均値の定理の (3.16) において，b を x に置き換えて書き直すと

$$f(x) = f(a) + f'(c)(x-a) \tag{3.17}$$

という表現を得る．ここで c は x と a の間の数である．(3.17) は，x が a に近いときには $f(x)$ の値が $f(a)$ で近似され，そのときの誤差が x と a の間のある点 c における導関数の値を用いて記述される，というふうに読むことができる．$f(x)$ が n 回微分可能のときには，$f(x)$ の値をより精密に近似することができる．

定理 3.9 (Taylor の定理) 関数 $f(x)$ が区間 I で n 回微分可能のとき，I 内の任意の 2 点 x, a に対して

$$f(x) = f(a) + \frac{f'(a)}{1!}(x-a) + \frac{f''(a)}{2!}(x-a)^2 + \cdots$$
$$+ \frac{f^{(n-1)}(a)}{(n-1)!}(x-a)^{n-1} + R_n(x, a) \tag{3.18}$$

$$R_n(x, a) = \frac{f^{(n)}(c)}{n!}(x-a)^n \tag{3.19}$$

となるような点 c が，x と a の間に存在する．

a を固定し x を変数と見ると，(3.18) の右辺から $R_n(x, a)$ を除いた部分は $x - a$ に関する $(n-1)$ 次多項式となっている．そしてそれが関数 $f(x)$ を近似する役割を果たし，$R_n(x, a)$ はその近似における誤差項となっている．すなわち Taylor の定理は，n 回微分可能な関数は $(n-1)$ 次多項式で近似され，そのときの誤差項が n 階導関数の値を用いて記述される，という内容なのである．

定理 3.9 も，補題 3.7 に帰着させることで証明される．証明は付録に与える．また (3.18) における誤差項 $R_n(x,a)$ には，(3.19) 以外にもいくつかの表現が知られている．付録において，その一つである積分を用いた表現を与えておく．

Taylor の定理にある近似多項式は非常に有用で，定義だけからは値を計算することが困難な関数について，いくらでも精密な値を計算することを可能にする．たとえば巻末の三角関数表には $\sin\theta, \cos\theta, \tan\theta$ の精密な値が載っているが，それらを三角関数の定義 (直角三角形の辺の長さの比) から求めることはほとんど不可能である．それらの値は，Taylor の定理にある近似多項式を用いて計算されるのである．実際の計算例を，次の節で与える (例 3.2)．

3.3 Taylor 展開

何回でも微分可能な関数を，**無限回微分可能**という．無限回微分可能な関数に対しては，(3.18) は任意の n について成り立つ．ここで誤差項 $R_n(x,a)$ が $n \to \infty$ で 0 に収束する場合を考えると，次の定理を得る．

定理 3.10 (Taylor 展開) 関数 $f(x)$ が区間 I で無限回微分可能で，(3.18) における $R_n(x,a)$ が $R_n(x,a) \to 0 \ (n \to \infty)$ を満たすときには，

$$f(x) = \sum_{n=0}^{\infty} \frac{f^{(n)}(a)}{n!}(x-a)^n \tag{3.20}$$

が成り立つ．

(3.20) の右辺を，$f(x)$ の $x=a$ における **Taylor 展開**という．Taylor 展開は $(x-a)$ に関するベキ級数である．Taylor 展開はもはや近似式ではなく，$f(x)$ そのものを表す式で，誤差項は現れない．そのかわり，一般には多項式ではあり得ず，ベキ級数となるのである．関数の値を求めたりするときには Taylor の定理にある近似多項式で十分間に合うが，それぞれの関数の深い性質を調べるには Taylor 展開が重要な役割を果たす．

初等関数の Taylor 展開

無限回微分可能な関数は，必ずしも Taylor 展開可能とは限らない．しかし初等関数をはじめ，われわれの目にする多くの関数は Taylor 展開可能となっている．ここではいくつかの初等関数の Taylor 展開を求めてみよう．

まず指数関数 e^x は，そもそも $x=0$ における Taylor 展開で定義したのであった (第 2 章 (2.16))．すなわち

$$e^x = \sum_{n=0}^{\infty} \frac{x^n}{n!} \tag{3.21}$$

$\sin x, \cos x$ は $x=0$ において Taylor 展開可能である．その Taylor 展開を求めよう．

$f(x) = \sin x$ とすると，

$$\begin{aligned} f(x) &= \sin x & f(0) &= 0 \\ f'(x) &= \cos x & f'(0) &= 1 \\ f''(x) &= -\sin x & f''(0) &= 0 \\ f'''(x) &= -\cos x & f'''(0) &= -1 \\ f^{(4)}(x) &= \sin x & & \end{aligned}$$

となり，$f(x)$ は 4 回微分すると元に戻る．したがって $m = 0, 1, 2, \cdots$ に対して

$$f^{(4m)}(0) = 0,\ f^{(4m+1)}(0) = 1,\ f^{(4m+2)}(0) = 0,\ f^{(4m+3)}(0) = -1$$

となることが分かる．これより

$$\begin{aligned} \sin x &= 0 + \frac{1}{1!}x + 0 + \frac{-1}{3!}x^3 + \cdots \\ &= \frac{1}{1!}x - \frac{1}{3!}x^3 + \frac{1}{5!}x^5 - \frac{1}{7!}x^7 + \cdots \\ &= \sum_{n=0}^{\infty} \frac{(-1)^n}{(2n+1)!} x^{2n+1} \end{aligned} \tag{3.22}$$

を得る．

$f(x) = \cos x$ とすると，

$$f(x) = \cos x \qquad f(0) = 1$$
$$f'(x) = -\sin x \qquad f'(0) = 0$$
$$f''(x) = -\cos x \qquad f''(0) = -1$$
$$f'''(x) = \sin x \qquad f'''(0) = 0$$
$$f^{(4)}(x) = \cos x$$

なので，$\sin x$ のときと同様にして，$m = 0, 1, 2, \cdots$ に対し

$$f^{(4m)}(0) = 1,\ f^{(4m+1)}(0) = 0,\ f^{(4m+2)}(0) = -1,\ f^{(4m+3)}(0) = 0$$

となる．したがって

$$\begin{aligned}\cos x &= 1 + 0 + \frac{-1}{2!}x^2 + 0 + \cdots \\ &= 1 - \frac{1}{2!}x^2 + \frac{1}{4!}x^4 - \frac{1}{6!}x^6 + \cdots \\ &= \sum_{n=0}^{\infty} \frac{(-1)^n}{(2n)!}x^{2n}\end{aligned} \qquad (3.23)$$

を得る．

$\tan x$ も $x = 0$ において Taylor 展開可能であるが，その Taylor 展開は $\sin x$ や $\cos x$ のようには簡潔に表すことができない．5 次の項まで計算すると，

$$\tan x = x + \frac{x^3}{3} + \frac{2}{15}x^5 + \cdots \qquad (3.24)$$

となる．

問 3.2 これを示せ．

対数関数 $\log x$ は $x = 0$ で定義されないため，$x = 0$ における Taylor 展開は考えることができない．しかしたとえば $x = 1$ においては Taylor 展開可能である．$f(x) = \log x$ とすると，

$$f(x) = \log x \qquad\qquad f(1) = 0$$
$$f'(x) = \frac{1}{x} \qquad\qquad f'(1) = 1$$
$$f''(x) = -\frac{1}{x^2} \qquad\qquad f''(1) = -1$$
$$\vdots \qquad\qquad\qquad \vdots$$
$$f^{(n)}(x) = (-1)^{n-1}\frac{(n-1)!}{x^n} \qquad f^{(n)}(1) = (-1)^{n-1}(n-1)!$$
$$\vdots \qquad\qquad\qquad \vdots$$

となる．よって (3.20) に代入して，

$$\log x = 0 + \sum_{n=1}^{\infty} \frac{(-1)^{n-1}(n-1)!}{n!}(x-1)^n$$
$$= \sum_{n=1}^{\infty} \frac{(-1)^{n-1}}{n}(x-1)^n \qquad (3.25)$$

を得る．また $(x-1)$ のではなく x のベキ級数として表したいときには，関数の方を $\log(1+x)$ としてやればよい．こうして得られる次の展開もよく用いられる．

$$\log(1+x) = \sum_{n=1}^{\infty} \frac{(-1)^{n-1}}{n}x^n \qquad (3.26)$$

ベキ関数 x^a については，$\log x$ と同様に $x=0$ では Taylor 展開できないので，代わりに $(1+x)^a$ を考えこの関数の $x=0$ での Taylor 展開を考えることにする．$f(x) = (1+x)^a$ とすると

$$f(x) = (1+x)^a \qquad\qquad f(0) = 1$$
$$f'(x) = a(1+x)^{a-1} \qquad\qquad f'(0) = a$$
$$f''(x) = a(a-1)(1+x)^{a-2} \qquad f''(0) = a(a-1)$$
$$\vdots \qquad\qquad\qquad \vdots$$
$$f^{(n)}(x) = a(a-1)\cdots \qquad\qquad f^{(n)}(0) = a(a-1)\cdots$$
$$(a-n+1)(1+x)^{a-n} \qquad\qquad (a-n+1)$$
$$\vdots \qquad\qquad\qquad \vdots$$

となる．よって (3.20) に代入して

$$(1+x)^a = \sum_{n=0}^{\infty} \frac{a(a-1)\cdots(a-n+1)}{n!} x^n \qquad (3.27)$$

を得る．なお a が自然数 N の場合には，(3.27) の右辺の x^n の係数は $n > N$ に対して 0 となるので，右辺は n が 0 から N までの有限和となる．そして

$$\frac{N(N-1)\cdots(N-n+1)}{n!} = \binom{N}{n}$$

に注意すると，(3.27) は $(1+x)^N$ の 2 項展開に他ならないことが分かる．そこで一般の実数 a に対しても

$$\binom{a}{n} = \frac{a(a-1)\cdots(a-n+1)}{n!} \qquad (3.28)$$

と定めると，(3.27) は

$$(1+x)^a = \sum_{n=0}^{\infty} \binom{a}{n} x^n \qquad (3.29)$$

と表される．これを**一般化された 2 項定理**とよぶことがある．

逆三角関数のうち，$\tan^{-1} x$ の $x = 0$ における Taylor 展開を求めよう．$f(x) = \tan^{-1} x$ とおく．(3.20) を利用すべく $f^{(n)}(0)$ を計算しようとすると，非常に困難であることに気づくだろう．ここでは二つの技巧を用いて，その困難を回避する．$g(x) = f'(x)$ とおくと，

$$g(x) = (\tan^{-1} x)' = \frac{1}{1+x^2}$$

であるが，右辺を $(1+x^2)^{-1}$ と見，さらに $x^2 = X$ とおいて一般化された 2 項定理を用いると，

$$\begin{aligned} g(x) &= (1+X)^{-1} \\ &= \sum_{n=0}^{\infty} \binom{-1}{n} X^n \\ &= \sum_{n=0}^{\infty} \frac{(-1)(-2)\cdots(-n)}{n!} (x^2)^n \end{aligned}$$

$$= \sum_{n=0}^{\infty} (-1)^n x^{2n} \tag{3.30}$$

を得る.こうしてすでに知っている Taylor 展開 (3.29) に帰着させることで,微分を計算することなく $g(x)$ の Taylor 展開を手に入れることができた.これが第 1 の技巧である.さてこのようにして手に入れた $g(x) = f'(x)$ の Taylor 展開から,$f(x)$ の Taylor 展開を,積分により求める.これが第 2 の技巧である.すなわち,

$$\int (-1)^n x^{2n} \, dx = \frac{(-1)^n}{2n+1} x^{2n+1} + C$$

であるので,(3.30) の各項を積分することで

$$f(x) = C + \sum_{n=0}^{\infty} \frac{(-1)^n}{2n+1} x^{2n+1}$$

を得る.ここで C は積分定数であるが,右辺は $f(x)$ の $x=0$ における Taylor 展開であるので,$C = f(0)$ でなければならない.よって $C = f(0) = \tan^{-1} 0 = 0$.以上により

$$\tan^{-1} x = \sum_{n=0}^{\infty} \frac{(-1)^n}{2n+1} x^{2n+1} \tag{3.31}$$

を得る.

第 2 章 2.1 節で,円周率 π を級数で与える二つの公式 (Gregory・Leibniz の公式,Machin の公式) を紹介した.これらはいずれも,今求めた (3.31) を用いて証明される.まず Gregory・Leibniz の公式は,(3.31) の両辺に $x=1$ を代入するとただちに得られる.左辺は $\tan^{-1} 1 = \dfrac{\pi}{4}$ であり,右辺は

$$1 - \frac{1}{3} + \frac{1}{5} - \frac{1}{7} + \cdots \tag{3.32}$$

となるからである.なお (3.31) の右辺のベキ級数は,$|x| > 1$ となる x に対しては発散することが知られているので,今代入した $x=1$ はこのベキ級数が収束するぎりぎりの値となっている.そしてそのために,級数 (3.32) の収束は非常に遅くなっている.

Machin の公式は,関係式

$$\frac{\pi}{4} = 4\tan^{-1}\frac{1}{5} - \tan^{-1}\frac{1}{239} \tag{3.33}$$

から導かれる．(3.33) の証明は技巧的なので，付録に回す．(3.33) の右辺に (3.31) を適用すれば Machin の公式が得られる．

Taylor 展開の応用

Tayolr 展開を利用して，Taylor の定理に基づきいろいろな関数の値を計算することができる．そのような例をあげよう．

例 3.2 $\sin 1°$ の値を小数第 4 位まで求めよ．

解 $1°$ は 0 に近い値なので，$\sin x$ の $x = 0$ における Taylor 展開が利用できる．なおこの Taylor 展開は $\sin x$ の微分を用いて得られたので，x はラジアンで表した値と理解しなければならない．そこで $1°$ をラジアンで表しておくと，

$$1° = \frac{\pi}{180} = 0.017453\cdots$$

となる．$\sin x$ の $x = 0$ における Taylor 展開

$$\sin x = x - \frac{x^3}{3!} + \frac{x^5}{5!} - \cdots$$

を途中で打ち切ることで近似多項式が得られるが，何次の項で打ち切るかは，どのような精度の数値が求められているかに応じて決めることになる．とりあえず 2 次の項までを近似多項式としてみよう (2 次の項はたまたま 0 であるが)．すると Taylor の定理により

$$\sin x = x + R_3, \quad R_3 = -\frac{\cos c}{3!}x^3$$

となる．$x = \frac{\pi}{180} = 0.017453\cdots$ に対して誤差項 R_3 の大きさを調べると，

$$|R_3| = \left|-\frac{\cos c}{3!}x^3\right| \leq \frac{1}{3!}(0.018)^3 \leq 10^{-6}$$

したがって $\sin 1°$ の小数第 4 位までの数値は，

$$\sin 1° = \sin\frac{\pi}{180} = 0.0175$$

となる (図 3.6 参照).

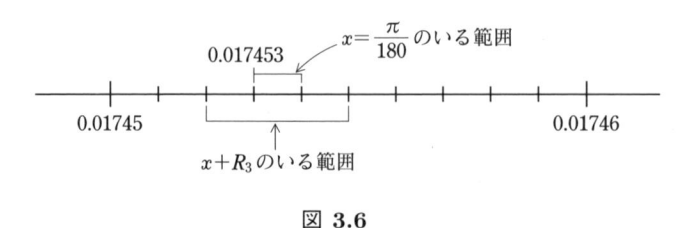

```
               0.017453    x = π/180 のいる範囲
   |    |    |    |    |    |    |    |    |
 0.01745                                  0.01746
              x+R₃ のいる範囲
```

図 3.6

このように Taylor 展開を用いて関数の値を計算するときには,「どこにおける」Taylor 展開を「何次の項で」打ち切って近似多項式を作るかを決めないといけない.「どこにおける」については, 指定された変数の値 (上の例では $x = 1°$) に近い点でそこでの Taylor 展開の係数が求められるような点を採用する.「何次の項で」については, 求められている数値の精度と誤差項の大きさを見比べることで決められる.

Taylor 展開のもう一つの応用として, **Euler** (オイラー) の公式

$$e^{i\theta} = \cos\theta + i\sin\theta \tag{3.34}$$

を示そう. 両辺に現れる i は虚数単位 $\sqrt{-1}$ を表す. e^x の定義を (2.16) の通りベキ級数で与えると, x が複素数の場合にも意味をつけることができる. そこで $i^{2n} = (-1)^n$, $i^{2n+1} = i(-1)^n$ に注意すると,

$$\begin{aligned}
e^{i\theta} &= \sum_{n=0}^{\infty} \frac{(i\theta)^n}{n!} \\
&= \sum_{n=0}^{\infty} \frac{(i\theta)^{2n}}{(2n)!} + \sum_{n=0}^{\infty} \frac{(i\theta)^{2n+1}}{(2n+1)!} \\
&= \sum_{n=0}^{\infty} \frac{(-1)^n}{(2n)!}\theta^{2n} + i\sum_{n=0}^{\infty} \frac{(-1)^n}{(2n+1)!}\theta^{2n+1} \\
&= \cos\theta + i\sin\theta
\end{aligned}$$

となって (3.34) が得られる. 最後の等号を示すのに, $\sin x$ および $\cos x$ の $x = 0$ における Taylor 展開 (3.22), (3.23) を用いた.

Euler の公式は，三角関数と指数関数の深い関係を表すだけでなく，いろいろな場面で計算に利用される．

例 3.3 $\sin x, \cos x$ に関する加法定理 (2.35) を，指数関数の加法定理 (2.14) と Euler の公式 (3.34) から導け．

解 $e^{i(x+y)}$ を 2 通りに計算する．まず指数関数の加法定理を先に用いると，
$$e^{i(x+y)} = e^{ix}e^{iy}$$
$$= (\cos x + i\sin x)(\cos y + i\sin y)$$
$$= (\cos x \cos y - \sin x \sin y) + i(\sin x \cos y + \cos x \sin y)$$
を得る．一方 Euler の公式をそのまま用いると，
$$e^{i(x+y)} = \cos(x+y) + i\sin(x+y)$$
となるので，両式の右辺の実部・虚部を見比べて
$$\cos(x+y) = \cos x \cos y - \sin x \sin y,$$
$$\sin(x+y) = \sin x \cos y + \cos x \sin y$$
を得る．こうして $\sin x, \cos x$ に関する加法定理 (2.35) が示された．■

3.4 微分法の応用

関数の極限値

関数の極限値を求めるときによく用いられる l'Hospital (ロピタル) の定理を紹介する．

定理 3.11 (l'Hospital の定理 その 1) $f(x), g(x)$ は a を含む開区間で連続で，$x = a$ 以外では微分可能，かつ $g'(x) \neq 0$ $(x \neq a)$ とする．$f(a) = g(a) = 0$ で $\displaystyle\lim_{x \to a} \frac{f'(x)}{g'(x)}$ が存在するとき，
$$\lim_{x \to a} \frac{f(x)}{g(x)} = \lim_{x \to a} \frac{f'(x)}{g'(x)} \tag{3.35}$$

が成り立つ．

証明には次の補題を利用する．

補題 3.12 (Cauchy (コーシー) の平均値の定理) 関数 $f(x), g(x)$ が $[a,b]$ で連続，(a,b) で微分可能で，$g'(x) \neq 0$ とすると，

$$\frac{f(b)-f(a)}{g(b)-g(a)} = \frac{f'(c)}{g'(c)} \tag{3.36}$$

となる c が，少なくとも一つ $a < c < b$ の範囲に存在する．

証明 平均値の定理 (定理 3.6) の証明と同様で，

$$F(x) = f(x) - f(a) - \frac{f(b)-f(a)}{g(b)-g(a)}(g(x)-g(a))$$

という関数を考え，補題 3.7 に帰着させることで証明される． ∎

定理 3.11 の証明 補題 3.12 と仮定 $f(a) = g(a) = 0$ より，

$$\frac{f(x)}{g(x)} = \frac{f(x)-f(a)}{g(x)-g(a)} = \frac{f'(c)}{g'(c)}$$

となる c が x と a の間に存在する．ここで $x \to a$ とすると，$c \to a$ となるので，

$$\lim_{x \to a} \frac{f(x)}{g(x)} = \lim_{c \to a} \frac{f'(c)}{g'(c)} = \lim_{x \to a} \frac{f'(x)}{g'(x)}$$

を得る． ∎

定理 3.11 において，$\lim_{x \to a}$ を $\lim_{x \to a+0}$，$\lim_{x \to a-0}$，$\lim_{x \to \infty}$，$\lim_{x \to -\infty}$ で置き換えた主張も，同様に成り立つ．定理 3.11 は分母・分子がともに 0 に収束する場合の極限を計算するのに用いられるが，分母・分子がともに ∞ となる場合の極限の計算には，次の定理が用いられる．

定理 3.13 (l'Hospital の定理 その 2) $f(x), g(x)$ は (a,b) で微分可能とする．$\lim_{x \to a+0} f(x) = \infty$，$\lim_{x \to a+0} g(x) = \infty$ で $\lim_{x \to a+0} \frac{f'(x)}{g'(x)}$ が存在するとき，

$$\lim_{x \to a+0} \frac{f(x)}{g(x)} = \lim_{x \to a+0} \frac{f'(x)}{g'(x)} \tag{3.37}$$

が成り立つ．

証明 厳密な証明には特別な証明方法[4]が必要となるので，ここでは概略を示す．$\lim_{x \to a+0} \dfrac{f'(x)}{g'(x)} = A$ とおいておく．$x_1 > a$ を a のごく近くにとると，$a < c < x_1$ となるすべての c に対して，$\dfrac{f'(c)}{g'(c)}$ は A に非常に近い値になるであろう．$a < x < x_1$ とするとき，補題 3.12 により

$$\frac{f(x) - f(x_1)}{g(x) - g(x_1)} = \frac{f'(c)}{g'(c)}$$

となる c が $x < c < x_1$ の範囲に存在する．

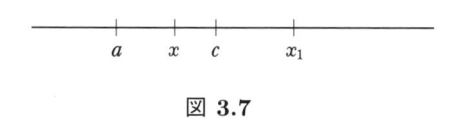

図 3.7

この式を利用して，

$$\frac{f(x)}{g(x)} = \frac{f(x) - f(x_1)}{g(x) - g(x_1)} \cdot \frac{f(x)}{f(x) - f(x_1)} \cdot \frac{g(x) - g(x_1)}{g(x)}$$

$$= \frac{f'(c)}{g'(c)} \cdot \frac{1 - \dfrac{g(x_1)}{g(x)}}{1 - \dfrac{f(x_1)}{f(x)}}$$

を得る．いま x_1 は固定しておいて x を限りなく a に近づけると，仮定 $\lim_{x \to a+0} f(x) = \infty$, $\lim_{x \to a+0} g(x) = \infty$ により，右辺の $\dfrac{f(x_1)}{f(x)}$, $\dfrac{g(x_1)}{g(x)}$ は限りなく 0 に近づく．よって $\dfrac{f(x)}{g(x)}$ は $\dfrac{f'(c)}{g'(c)}$ に非常に近い値になり，したがって A に

---

[4] ε-δ 論法とよばれる方法．

も非常に近い値となる．このようなことが可能となるのは，$\lim_{x \to a+0} \dfrac{f(x)}{g(x)} = A$ の場合以外あり得ない． ∎

定理 3.13 においても，$\lim_{x \to a+0}$ を $\lim_{x \to a}$, $\lim_{x \to a-0}$, $\lim_{x \to \infty}$, $\lim_{x \to -\infty}$ で置き換えた主張も同様に成り立つ．

定理 3.13 を用いると，指数関数・対数関数の収束・発散の速さと，ベキ関数 x^a の収束・発散の速さを比較することができる．

例 3.4

$$\lim_{x \to \infty} x^a e^x = \infty \tag{3.38}$$

$$\lim_{x \to \infty} x^a e^{-x} = 0 \tag{3.39}$$

$$\lim_{x \to \infty} x^a \log x = 0 \quad (a < 0) \tag{3.40}$$

$$\lim_{x \to +0} x^a \log x = 0 \quad (a > 0) \tag{3.41}$$

証明 (3.38) と (3.41) を示す．残りも同様である．

(3.38) は $a > 0$ の場合は明らかに成り立つので，$a < 0$ とする．定理 3.13 を繰り返し用いると

$$\begin{aligned}
\lim_{x \to \infty} x^a e^x &= \lim_{x \to \infty} \dfrac{e^x}{x^{-a}} \\
&= \lim_{x \to \infty} \dfrac{e^x}{-ax^{-a-1}} \\
&= \cdots \\
&= \lim_{x \to \infty} \dfrac{e^x}{(-a)(-a-1)\cdots(-a-n+1)x^{-a-n}}
\end{aligned}$$

が得られ，$-a-n+1 > 0, -a-n < 0$ のとき，右辺の極限は ∞ となる．

(3.41) については，$a > 0$ として定理 3.13 を用いると，

$$\lim_{x \to +0} x^a \log x = \lim_{x \to +0} \dfrac{\log x}{x^{-a}}$$

$$= \lim_{x \to +0} \frac{\frac{1}{x}}{-ax^{-a-1}}$$
$$= \lim_{x \to +0} \frac{x^a}{-a}$$
$$= 0$$

を得る. ∎

この例により，指数関数とベキ関数の積においてはいつでも指数関数の挙動が支配的であり，また対数関数とベキ関数の積においてはいつでもベキ関数の挙動が支配的である，という性質が明らかになった．

微分方程式 $y'' + \lambda y = 0$

λ を実定数とする．微分方程式

$$y'' + \lambda y = 0 \tag{3.42}$$

は，物理にもよく現れる基本的な微分方程式である．この微分方程式の解を調べよう．

(3.42) を解くには，次のようにすればよい．a を定数として，$y = e^{ax}$ とおくと，

$$y' = ae^{ax}, \quad y'' = a^2 e^{ax}$$

となる．(3.42) に代入すると，

$$0 = a^2 e^{ax} + \lambda e^{ax} = (a^2 + \lambda)e^{ax}$$

となるが，$e^{ax} \neq 0$ により

$$a^2 + \lambda = 0 \tag{3.43}$$

を得る．つまり a についての 2 次方程式 (3.43) を解いて，解 a を $y = e^{ax}$ に代入すると，微分方程式 (3.42) の解が得られるのである．2 次方程式 (3.43) の解の様子は，λ の符号により異なるので，$\lambda < 0, \lambda = 0, \lambda > 0$ の三つの場合に分けて考えよう．

Case 1. $\lambda < 0$　このとき $-\lambda > 0$ となるので，(3.43) の解は

$$a = \pm\sqrt{-\lambda}$$

である．したがって，

$$y_1 = e^{\sqrt{-\lambda}x}, \quad y_2 = e^{-\sqrt{-\lambda}x}$$

はともに (3.42) の解となることが分かる．さらに c_1, c_2 を任意定数とし，

$$y = c_1 y_1 + c_2 y_2 \tag{3.44}$$

とおくと，

$$y' = c_1 y_1' + c_2 y_2', \quad y'' = c_1 y_1'' + c_2 y_2''$$

となり，

$$\begin{aligned} y'' + \lambda y &= (c_1 y_1'' + c_2 y_2'') + \lambda(c_1 y_1 + c_2 y_2) \\ &= c_1(y_1'' + \lambda y_1) + c_2(y_2'' + \lambda y_2) \\ &= 0 \end{aligned}$$

となるので，y もまた (3.42) の解となることが分かる．このように任意定数を二つ含む解 (3.44) を (3.42) の**一般解**という．あらゆる解は二つの任意定数の値を具体的に与えることで得られることが知られている．

問 3.3　$x = 0$ における初期条件

$$y(0) = A, \quad y'(0) = B$$

を満たす (3.42) の解を求めよ．

Case 2. $\lambda = 0$　この場合は簡単で，微分方程式 (3.42) は $y'' = 0$ となるから，x の 1 次式が解となる．すなわち，一般解は

$$y(x) = c_1 x + c_2$$

で与えられる．

Case 3. $\lambda > 0$　この場合は a についての 2 次方程式 (3.43) は，実数解をもたない．複素数にまで範囲を広げて解くと，

$$a = \pm i\sqrt{\lambda}$$

となる．そこでとりあえず複素数の範囲の解として，

$$y_1 = e^{i\sqrt{\lambda}x}, \quad y_2 = e^{-i\sqrt{\lambda}x}$$

が得られる．ここで Euler の公式 (3.34) を用いると，

$$y_1 = \cos\sqrt{\lambda}\,x + i\sin\sqrt{\lambda}\,x$$
$$y_2 = \cos\sqrt{\lambda}\,x - i\sin\sqrt{\lambda}\,x$$

となる．Case 1 で見たように，二つの解 y_1, y_2 があれば，定数 c_1, c_2 に対して $y = c_1 y_1 + c_2 y_2$ も解になるのであった．そこで特に $c_1 = c_2 = \dfrac{1}{2}$ とすると，

$$\frac{1}{2}y_1 + \frac{1}{2}y_2 = \cos\sqrt{\lambda}\,x,$$

また $c_1 = \dfrac{1}{2i}, c_2 = -\dfrac{1}{2i}$ とすると，

$$\frac{1}{2i}y_1 - \frac{1}{2i}y_2 = \sin\sqrt{\lambda}\,x$$

となることから，

$$\cos\sqrt{\lambda}\,x, \quad \sin\sqrt{\lambda}\,x$$

が (3.42) の解になることが分かる．こうして実数の範囲内の解が手に入り，これらを用いた一般解

$$y(x) = c_1 \cos\sqrt{\lambda}\,x + c_2 \sin\sqrt{\lambda}\,x \tag{3.45}$$

が得られる．

問 3.4　Case 3 の一般解 (3.45) は，定数 c, ω を用いて

$$y(x) = c\cos(\sqrt{\lambda}\,x + \omega)$$

という形でも与えられることを示せ.

問題 3

1. 微分せよ.
- (1) $\dfrac{x-1}{x+1}$
- (2) $e^x \cos x$
- (3) $x \log x$
- (4) e^{2x}
- (5) $\log(3x)$
- (6) $(x+1)^n$
- (7) $\sin^{-1}(ax)$ (a は定数)
- (8) $\sqrt{x^2+3}$
- (9) $\dfrac{1}{\log x}$
- (10) $\tan^{-1}(x^2)$

2. 微分せよ.
- (1) $\dfrac{ax+b}{cx+d}$
- (2) $e^{\sin x}$
- (3) $(x^3+2)^2$
- (4) $\dfrac{x-2}{x^3+1}$
- (5) $\log(x^4+1)$
- (6) $\log(x+\sqrt{x^2+1})$
- (7) 2^{-x}
- (8) $\sin^{-1}(2x) + \cos^{-1}(2x)$
- (9) $\cos(\tan^{-1} x)$
- (10) $\dfrac{\log x}{x^2+2}$

3. (1) $f(x) = x^3 + 2x - 3$ の $x=1$ における Taylor 展開を求めよ.

(2) $f(x) = (2+x)^a$ の $x=0$ における Taylor 展開を求めよ.

(3) $f(x) = \cos x$ の $x = \dfrac{\pi}{4}$ における Taylor 展開を求めよ.

4. (1) $\sqrt[3]{1.01}$ の値を小数第 4 位まで求めよ.

(2) $\tan\theta = 0.05$ となる θ の値 (ラジアン) を小数第 3 位まで求めよ.

5. 次の極限を求めよ.
- (1) $\displaystyle\lim_{x\to 0} \dfrac{\cos x - 1}{x^2}$
- (2) $\displaystyle\lim_{x\to +0} \sin x \cdot \log x$
- (3) $\displaystyle\lim_{x\to 0} \dfrac{5^x - 3^x}{x}$
- (4) $\displaystyle\lim_{x\to 1} \dfrac{\sin(1-x)}{\log x}$

(5) $\displaystyle\lim_{x\to 1-0}\dfrac{x^3-1}{\cos^{-1}x}$ (6) $\displaystyle\lim_{x\to\infty}\dfrac{e^{-x}}{\dfrac{\pi}{2}-\tan^{-1}x}$

(7) $\displaystyle\lim_{x\to +0}x^x$ (8) $\displaystyle\lim_{n\to\infty}\sqrt[n]{n}$

6.(1) $\sin x = x$ となるのは $x=0$ のときに限ることを示せ.

(2) $x\neq 0$ に対して
$$f(x)=\dfrac{\cos x + ax^2+bx+c}{\sin x - x} \qquad (a,b,c \text{ は定数})$$
とおく. $f(x)$ が $x=0$ で連続となるように, a,b,c および $f(0)$ の値を定めよ.

第 4 章

積分法

4.1 積分の定義

長方形の面積は，(たて)×(よこ) で計算されるが，曲がった図形の面積を計算するにはどうすればよいだろうか．

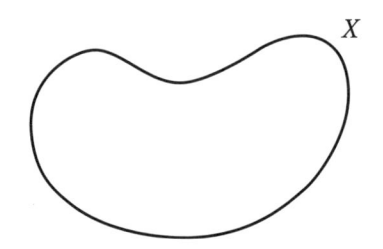

図 4.1 曲がった図形

一つの方法として，面積の計算できる図形で近似するというやり方が考えられる．たとえば図 4.2 のように，図形 X に網目 (メッシュ) をかけて，小長方形からなる近似図形を作る．この近似図形の面積は，小長方形の面積の和として計算できる．こうして X の面積の近似値が得られる．より良い近似値を得たければ，網目を細かくしていけばよい．網目をどんどん細かくすると，近似図形は図形 X に近づいていくので，その面積は図形 X の面積に限りなく近づいていくであろう．したがってその極限値が図形 X の面積を与えると考えられる．

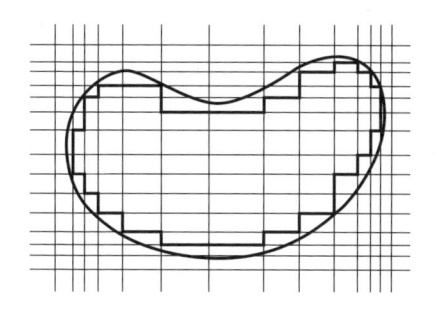

図 4.2

このような考え方を定式化したものが積分である．曲がった図形というのを，いくつかの連続関数のグラフで囲まれた図形ととらえることによって，面積の計算をその連続関数に対する操作として実現する．以下，その操作を説明していこう．

区間 $[a,b]$ で連続な関数 $f(x)$ を考える．当面，区間 $[a,b]$ 全体で $f(x) \geqq 0$ となっているとする．xy-平面上の，x 軸，$x = a$, $x = b$ および $y = f(x)$ で囲まれる図形の面積を計算するため，次の手続きを行う．

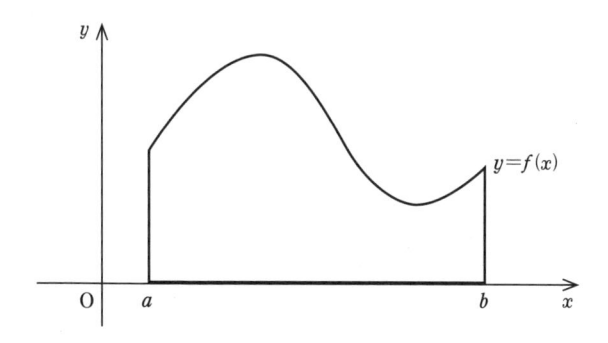

図 4.3

Step 1. 区間 $[a,b]$ を小区間に分割する．すなわち

$$a = x_0 < x_1 < x_2 < \cdots < x_{n-1} < x_n = b$$

となるような点 $x_0, x_1, \cdots, x_n$ をとる．これらの小区間の巾 $x_i - x_{i-1}$ の最大値を d とおいておこう．すなわち

$$d = \max_{1 \leqq i \leqq n} (x_i - x_{i-1})$$

Step 2. 各小区間 (x_{i-1}, x_i) 内に，点 p_i をとる．

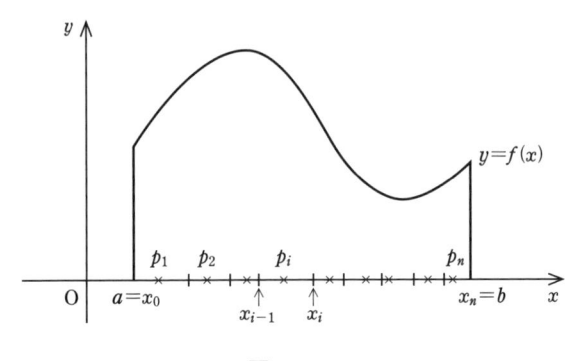

図 4.4

Step 3. 小区間 (x_{i-1}, x_i) を底辺，$f(p_i)$ を高さとする長方形を考える．これらを集めてできる棒グラフ状の図形は，元の図形を近似するものと考えられる．

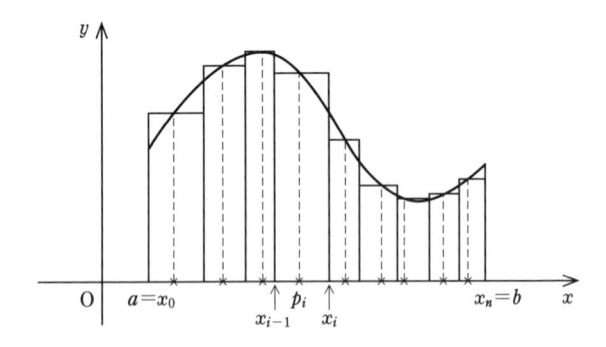

図 4.5

この図形の面積は，各長方形の面積の和となるので，

$$S = \sum_{i=1}^{n} f(p_i)(x_i - x_{i-1}) \tag{4.1}$$

で与えられる．S を **Riemann** (リーマン) **和**という．

Step 4. $d \to 0$ の極限を考えると，棒グラフ状の図形と元の図形とのずれは限りなく小さくなり，S' が元の図形の面積に収束すると考えられる．そこで S の $d \to 0$ としたときの極限値を，関数 $f(x)$ の区間 $[a, b]$ 上の**積分**と定義し，$\int_a^b f(x)\,dx$ で表す．

$$\int_a^b f(x)\,dx = \lim_{d \to 0} \sum_{i=1}^{n} f(p_i)(x_i - x_{i-1}) \tag{4.2}$$

極限値が存在することについては，次ページの定理 4.1 を参照のこと．

Step 5. 今までは $f(x) \geqq 0$ として考えてきたが，$f(x) < 0$ となる x がある場合でも，Riemann 和 S は面積としての意味は失うが，値としては確定する．S は，x 軸より上にある棒グラフの面積から，x 軸より下にある棒グラフの面積を引いた値となる．

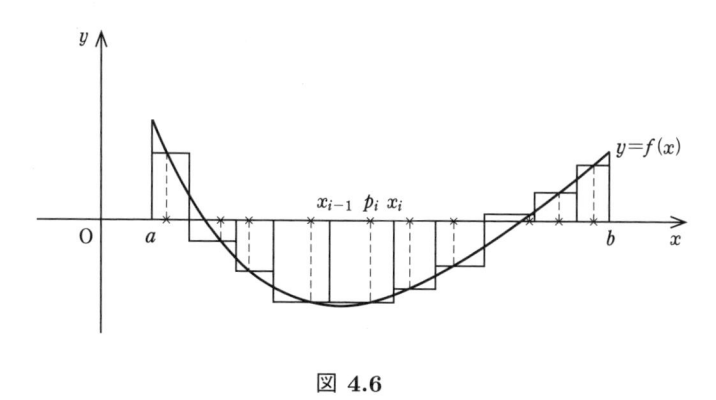

図 **4.6**

そこで $f(x)$ の正負にかかわらず，(4.2) を積分の定義とする．

網目の代わりに棒グラフを用いたが，基本的には始めに説明した考え方を実現したものである．積分の定義 (4.2) に理論的根拠を与えるのが次の定理である．

定理 4.1 区間 $[a,b]$ で連続な関数 $f(x)$ に対して，(4.1) は $d \to 0$ において，分割の仕方 $a = x_0 < x_1 < x_2 < \cdots < x_{n-1} < x_n = b$ および点 $p_1, p_2, \cdots, p_n$ の取り方によらずに一定の値に収束する．

この定理の証明は，連続関数の一様連続性という性質を用いて行われる (本書では扱わない)．

上の定義により積分の値を計算するのは一般には非常に難しい．積分の計算方法については 4.3 節で扱うことになるが，ここではもっとも簡単な場合，すなわち定数関数に対して，定義に基づいて積分を計算してみよう．

定数関数 $f(x) \equiv c$ を考える．この場合の Riemann 和を計算すると，$f(p_i) = c$ となることから

$$S = \sum_{i=1}^{n} c(x_i - x_{i-1}) = c(b-a)$$

となり，この値は分割の仕方によらない．したがって極限を考えてもこの値のままで，

$$\int_a^b c\,dx = c(b-a) \tag{4.3}$$

を得る．

上の積分の定義では，$\int_a^b f(x)\,dx$ においては $a < b$ の場合に限られていた．そこで $a > b$ に対し

$$\int_a^b f(x)\,dx = -\int_b^a f(x)\,dx \tag{4.4}$$

と定め，$a = b$ の場合には

$$\int_a^a f(x)\,dx = 0 \tag{4.5}$$

と定めることで，積分の定義を拡張しておく．このように定める理由は，4.2 節の定理 4.2 のあとで明らかになる (注意 4.1 参照)．

4.2 積分の基本的性質

定理 4.2 区間 $[a,b]$ で連続な関数 $f(x)$, $g(x)$ に対して次が成り立つ．

(i) $\displaystyle\int_a^b (f(x)+g(x))\,dx = \int_a^b f(x)\,dx + \int_a^b g(x)\,dx$

(ii) $\displaystyle\int_a^b cf(x)\,dx = c\int_a^b f(x)\,dx$ (c は定数)

(iii) $\displaystyle\int_a^b f(x)\,dx = \int_a^c f(x)\,dx + \int_c^b f(x)\,dx$ ($a<c<b$)

(iv) 区間 $[a,b]$ でつねに $f(x) \leqq g(x)$ のとき，
$$\int_a^b f(x)\,dx \leqq \int_a^b g(x)\,dx$$
等号はすべての x に対して $f(x)=g(x)$ のときのみ成立する．

(v) $\displaystyle\left|\int_a^b f(x)\,dx\right| \leqq \int_a^b |f(x)|\,dx$

証明 これらの主張の証明は，基本的には積分の定義 (4.2) と極限の性質 (第 2 章の定理 2.4，定理 2.5) を組み合わせるだけである．たとえば (i) を示してみよう．明らかに

$$\sum_{i=1}^n (f(p_i)+g(p_i))(x_i-x_{i-1})$$
$$=\sum_{i=1}^n f(p_i)(x_i-x_{i-1}) + \sum_{i=1}^n g(p_i)(x_i-x_{i-1})$$

であるから，両辺の $d\to 0$ の極限をとれば (i) を得る．

(ii) および (iv) の前半も同様に示される．

(iii) を示すには，区間 $[a,c]$ および $[c,b]$ の分割

$$a = y_0 < y_1 < \cdots < y_{l-1} < y_l = c,$$
$$c = z_0 < z_1 < \cdots < z_{m-1} < z_m = b$$

を考える．この二つをあわせれば区間 $[a,b]$ の分割になっている．すなわち

$$x_0 = y_0,\, x_1 = y_1, \cdots, x_l = y_l,$$
$$x_{l+1} = z_1,\, x_{l+2} = z_2, \cdots, x_{l+m} = z_m$$

とおけばよい．$y_{j-1} < q_j < y_j$，$z_{k-1} < r_k < z_k$ となる点 q_j, r_k を選び，$p_i = q_i$，$p_{l+i} = r_i$ とおけば，明らかに

$$\sum_{i=1}^{l+m} f(p_i)(x_i - x_{i-1})$$
$$= \sum_{j=1}^{l} f(q_j)(y_j - y_{j-1}) + \sum_{k=1}^{m} f(r_k)(z_k - z_{k-1})$$

である．両辺で $d \to 0$ の極限をとれば (iii) を得る (図 4.7 参照)．

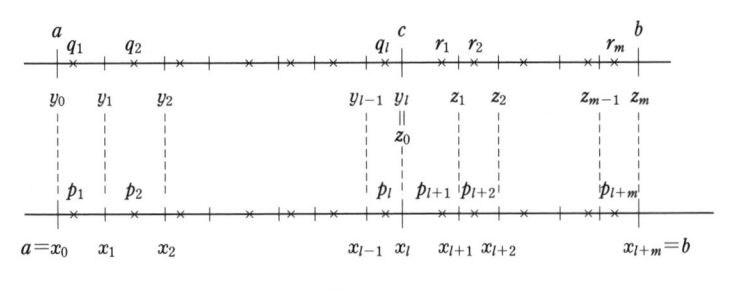

図 4.7

(iv) の後半 (等号は $f(x) = g(x)$ のときのみ成立) の証明は難しくはないが，付録に回す．

$f(x) \leqq |f(x)|$，$-f(x) \leqq |f(x)|$ に注意すれば，(iv) の前半より

$$\int_a^b f(x)\,dx \leqq \int_a^b |f(x)|\,dx, \quad -\int_a^b f(x)\,dx \leqq \int_a^b |f(x)|\,dx$$

を得る．これは (v) を意味する． ∎

定理 4.2 の主張は，図形の面積という視点でとらえることもできる．たとえば (i) については，図 4.8 の①の面積と②の面積の和が③の面積に等しいという主張である．

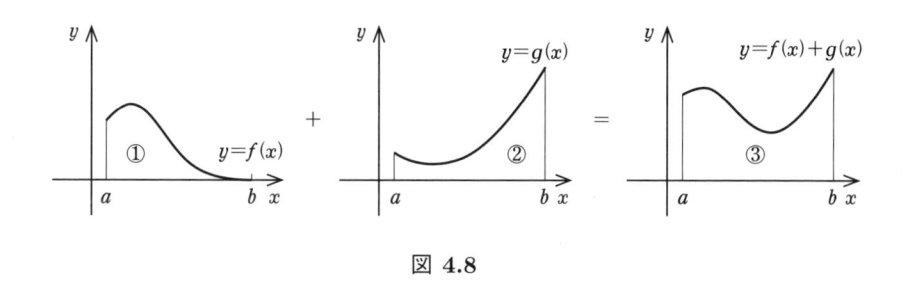

図 4.8

(iii) は図 4.9 からただちに見て取れる．

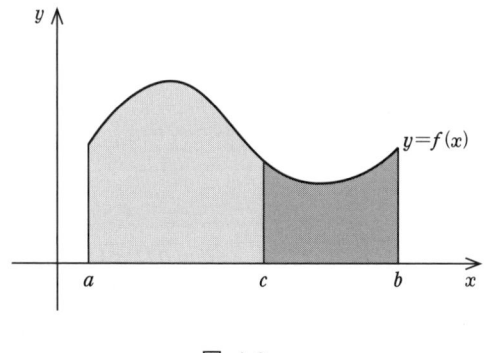

図 4.9

(v) については，x 軸より下側にある部分についてはその面積に $-$ をつけて加えたものが積分値であるから，図 4.10 より明らかに成り立つことが分かる．

図 4.10

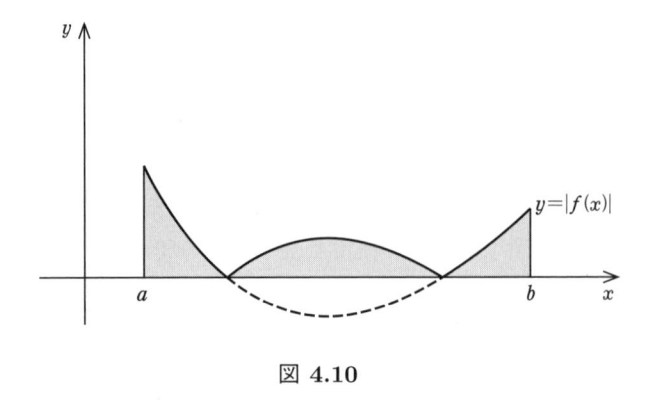

注意 4.1 定理 4.2 の (iii) では $a < c < b$ という大小関係に限っていたが，(4.4), (4.5) と定めることにより (iii) は a, b, c の大小関係にかかわらず成立する．たとえば $a < b < c$ とすると，区間 $[a, c]$ について (iii) を書いて (4.4) を用いると

$$\int_a^c = \int_a^b + \int_b^c = \int_a^b - \int_c^b$$

となるので，右辺の第 2 項を移項してやればこの場合にも (iii) が成立する．じつは (4.4), (4.5) は，a, b, c の大小関係にかかわらず (iii) が成立するように定めたものである．

定理 4.3 (積分に関する平均値の定理) 区間 $[a, b]$ で連続な関数 $f(x)$ に対して，

$$\int_a^b f(x)\,dx = (b - a)f(c)$$

となる c が $a < c < b$ の範囲に存在する．

証明 区間 $[a, b]$ における $f(x)$ の最大値，最小値をそれぞれ M, m とおくと，$m \leqq f(x) \leqq M$ より定理 4.2 (iv) を適用して

$$\int_a^b m\,dx \leqq \int_a^b f(x)\,dx \leqq \int_a^b M\,dx$$

が成り立つことが分かる．定数関数の積分は (4.3) で与えていたので，

$$\int_a^b m\,dx = m(b-a), \quad \int_a^b M\,dx = M(b-a)$$

となる．したがって

$$m \leqq \frac{1}{b-a}\int_a^b f(x)\,dx \leqq M$$

となる．つまり $\frac{1}{b-a}\int_a^b f(x)\,dx$ の値は $f(x)$ の最大値と最小値の間にあるので，その値は中間値の定理によりある点 c における $f(x)$ の値 $f(c)$ として実現される：

$$\frac{1}{b-a}\int_a^b f(x)\,dx = f(c)$$

これからただちに定理が従う． ∎

定理 4.3 の内容を図で表すと，図 4.11 のようになる．

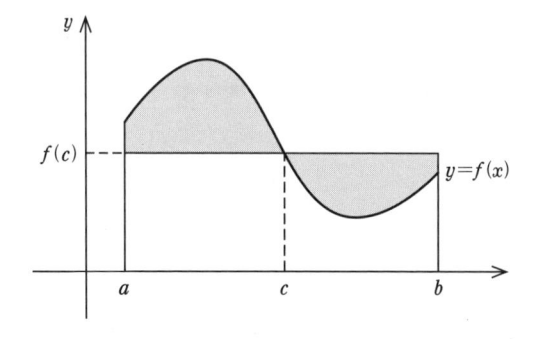

図 4.11

4.3 微分積分学の基本定理

4.1 節で積分の定義を与えたが,その定義式 (4.2) に基づいて積分の値を計算するのは一般には非常に難しい.ところが積分は,微分法と深い関係にあり,その関係を用いると多くの積分が計算できるようになる.この節では積分と微分の関係を述べた微分積分学の基本定理を紹介し,それを用いた積分の計算法を与える.

定理 4.4 (微分積分学の基本定理) $f(x)$ は区間 $[a,b]$ で連続とする.
$$F(x) = \int_a^x f(t)\,dt \tag{4.6}$$
とおくと,$F(x)$ は区間 (a,b) で微分可能で,
$$F'(x) = f(x) \tag{4.7}$$
が成り立つ.

証明 $h > 0$ とすると,$F(x)$ の定義と定理 4.2 (iii) により
$$F(x+h) - F(x) = \int_x^{x+h} f(t)\,dt$$
となる.積分に関する平均値の定理 (定理 4.3) を用いると,この右辺は $x < \xi < x+h$ となる ξ を用いて $hf(\xi)$ と表される.

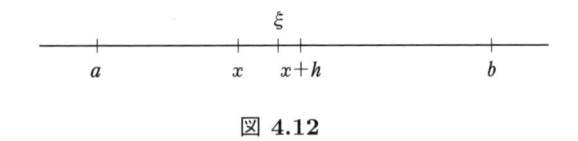

図 4.12

したがって
$$\frac{F(x+h) - F(x)}{h} = f(\xi)$$
ここで $h \to 0$ の極限を考えると,$\xi \to x$ となり,$f(x)$ の連続性より

$$\lim_{h \to 0} \frac{F(x+h) - F(x)}{h} = \lim_{\xi \to x} f(\xi) = f(x)$$

$h < 0$ としても同様なので，これにより (4.7) が示された． ∎

関数 $f(x)$ に対し，微分して $f(x)$ となる関数を**原始関数**という．

定理 4.5 (微分積分学の基本公式) $G(x)$ を $f(x)$ の原始関数とするとき，

$$\int_a^b f(x)\, dx = G(b) - G(a) \tag{4.8}$$

証明 定理 4.4 により (4.6) の $F(x)$ も $f(x)$ の原始関数であるので，$(G(x) - F(x))' = 0$，したがって系 3.8 により $G(x) - F(x) = C$ は定数となる．$x = a$ のとき $F(a) = 0$ であるから，$G(a) = C$ が分かる．すると

$$\int_a^b f(x)\, dx = F(b) = G(b) - C = G(b) - G(a)$$

となり (4.8) が成り立つ． ∎

この定理により，原始関数を見つけることができれば，積分は計算できるのである．原始関数を見つける方法については，このあと 4.4 節で扱う．

原始関数がすぐには見つからない場合でも，次にあげる置換積分法や部分積分法を用いると，積分の計算ができることがある．

定理 4.6 (置換積分法) $f(x)$ は $[c,d]$ で連続，$\varphi(t)$ と $\varphi'(t)$ は $[\alpha,\beta]$ で連続であるとする．$[a,b]$ を $[c,d]$ に含まれる区間とし，$\varphi(\alpha) = a$, $\varphi(\beta) = b$ であって，$\varphi(t)$ の値域が $[c,d]$ に含まれるとき，

$$\int_a^b f(x)\, dx = \int_\alpha^\beta f(\varphi(t))\, \varphi'(t)\, dt \tag{4.9}$$

が成り立つ．

証明

$$F(x) = \int_a^x f(u)\, du$$

とおき，合成関数 $F(\varphi(t))$ を考える．合成関数の微分法により

$$\frac{d}{dt}F(\varphi(t)) = F'(\varphi(t))\,\varphi'(t) = f(\varphi(t))\,\varphi'(t)$$

となる．両辺を α から β まで積分すると，

$$F(\varphi(\beta)) - F(\varphi(\alpha)) = \int_\alpha^\beta f(\varphi(t))\,\varphi'(t)\,dt$$

となるが，$F(x)$ の定義および $\varphi(\alpha)=a,\ \varphi(\beta)=b$ に注意すると，この右辺は $\int_a^b f(x)\,dx$ となることが分かる． ∎

定理 4.7 (部分積分法) $f(x),\ g(x)$ が $[a,b]$ で微分可能で $f'(x),\ g'(x)$ が連続のとき，

$$\int_a^b f(x)g'(x)\,dx = [f(x)g(x)]_a^b - \int_a^b f'(x)g(x)\,dx \tag{4.10}$$

が成り立つ．

注意 4.2 一般に $[F(x)]_a^b$ は $F(b)-F(a)$ を表す．

証明 積の微分法の公式より

$$(f(x)g(x))' = f(x)g'(x) + f'(x)g(x)$$

これを移項して

$$f(x)g'(x) = (f(x)g(x))' - f'(x)g(x)$$

と書き，両辺を a から b まで積分すればよい． ∎

4.4 不定積分

微分積分学の基本定理により，積分は原始関数の値で表されるので，多くの場合原始関数を見つけることが積分の計算の中心となる．$F(x)$ を $f(x)$ の一つの原始関数とすると，$f(x)$ の原始関数の一般形は $F(x)+C$ (C は定数) で与えられる．この一般形のことを $f(x)$ の**不定積分**とよび，

$$\int f(x)\,dx$$

で表す．

　不定積分の計算に万能の方法はない．もっとも有効なのは，多くの関数の原始関数を知っていることである．不定積分は微分の逆演算なので，いろいろな関数の微分の公式を逆に読むことで，いろいろな関数の原始関数を知ることができる．

$f(x)$	$F(x) = \int f(x)\,dx$
$x^a \;\; (a \neq -1)$	$\dfrac{1}{a+1}x^{a+1}$
$\dfrac{1}{x}$	$\log|x|$
e^x	e^x
$a^x \;\; (a > 0)$	$\dfrac{1}{\log a}a^x$
$\sin x$	$-\cos x$
$\cos x$	$\sin x$
$\dfrac{1}{\sqrt{1-x^2}}$	$\sin^{-1} x, \; -\cos^{-1} x$
$-\dfrac{1}{\sqrt{1-x^2}}$	$\cos^{-1} x, \; -\sin^{-1} x$
$\dfrac{1}{1+x^2}$	$\tan^{-1} x$
$F'(x)$	$F(x)$

表 4.1

　不定積分においても，置換積分法，部分積分法は基本的な計算技術である．置換積分法は合成関数の微分法の公式を読み換えたもの，部分積分法は積の微分の公式を読み換えたものである．

定理 4.8 (置換積分法)
$$\int f(x)\,dx = \int f(\varphi(t))\,\varphi'(t)\,dt \tag{4.11}$$

定理 4.9 (部分積分法)
$$\int f(x)g'(x)\,dx = f(x)g(x) - \int f'(x)g(x)\,dx \tag{4.12}$$

次の定理は定理 4.8 の系であり，不定積分の計算によく用いられるものである．

定理 4.10
$$\int \frac{f'(x)}{f(x)}\,dx = \log|f(x)| + C \tag{4.13}$$

証明 $t = f(x)$ により置換積分を行うと，$dt = f'(x)dx$ となるので
$$\int \frac{f'(x)}{f(x)}\,dx = \int \frac{dt}{t}$$
$$= \log|t| + C$$
$$= \log|f(x)| + C$$
となる． ■

有理関数の不定積分

二つの多項式 $P(x)$, $Q(x)$ の比で与えられる関数 $f(x) = \dfrac{P(x)}{Q(x)}$ を有理関数という．有理関数の不定積分は必ず初等関数で与えられる．その証明の概略を示そう．$P(x)$ の次数が $Q(x)$ の次数以上のときには，多項式の割り算を実行して
$$P(x) = S(x)Q(x) + R(x)$$
としておく．ここで ($R(x)$ の次数) < ($Q(x)$ の次数)．すると

$$f(x) = S(x) + \frac{R(x)}{Q(x)}$$

となり，$S(x)$ は多項式でその不定積分も多項式となるので，あとは $\frac{R(x)}{Q(x)}$ の不定積分を考えればよいことになる．さて一般に多項式は，実数の範囲で $(x-a)^k$ の形の因子と $(x^2+bx+c)^l$ (ただし $b^2-4c<0$) の形の因子の積に因数分解されることが知られている．この因数分解をもとにして $\frac{R(x)}{Q(x)}$ を部分分数分解することができ，$\frac{R(x)}{Q(x)}$ は $\frac{A}{(x-a)^m}$ の形の項と $\frac{Bx+C}{(x^2+bx+c)^n}$ の形の項の和で表される．したがって有理関数の不定積分は，これらの項の不定積分に帰着するのである．

$\frac{A}{(x-a)^m}$ の不定積分については，

$$\int \frac{A}{(x-a)^m} dx = \begin{cases} \dfrac{1}{1-m} \cdot \dfrac{A}{(x-a)^{m-1}} & (m>1) \\ A \log(x-a) & (m=1) \end{cases}$$

である．$\frac{Bx+C}{(x^2+bx+c)^n}$ の不定積分については，一般的な場合は付録にゆだねて，ここではいくつかの例をあげて説明する．

例 4.1 次の関数の不定積分を求めよ．

(1) $\dfrac{1}{x^2+a^2}$ \hspace{2em} (2) $\dfrac{1}{x^2+x+1}$

(3) $\dfrac{x}{x^2+x+1}$ \hspace{2em} (4) $\dfrac{1}{(x^2+1)^2}$

解 (1) $\displaystyle\int \frac{dx}{x^2+a^2} = \frac{1}{a^2}\int \frac{dx}{1+\left(\dfrac{x}{a}\right)^2}$ と変形し，$\dfrac{x}{a}=t$ により置換積分すると，

$$\int \frac{dx}{x^2+a^2} = \frac{1}{a^2}\int \frac{a}{1+t^2} dt$$

$$= \frac{1}{a} \tan^{-1} t + C$$
$$= \frac{1}{a} \tan^{-1} \frac{x}{a} + C$$

(2) $x^2 + x + 1 = \left(x + \frac{1}{2}\right)^2 + \frac{3}{4}$ と平方完成すると, (1) に帰着することが分かる．すなわち $x + \frac{1}{2} = t$ と置換積分することにより,

$$\int \frac{dx}{x^2 + x + 1} = \int \frac{dt}{t^2 + \frac{3}{4}}$$
$$= \frac{2}{\sqrt{3}} \tan^{-1} \left(\frac{2}{\sqrt{3}} \left(x + \frac{1}{2}\right)\right) + C$$

(3) この計算には定理 4.10 を用いる．$(x^2 + x + 1)' = 2x + 1$ なので,

$$\frac{x}{x^2 + x + 1} = \frac{1}{2} \cdot \frac{(2x + 1) - 1}{x^2 + x + 1}$$
$$= \frac{1}{2} \left\{ \frac{(x^2 + x + 1)'}{x^2 + x + 1} - \frac{1}{x^2 + x + 1} \right\}$$

と変形しておくと,

$$\int \frac{x}{x^2 + x + 1} \, dx$$
$$= \frac{1}{2} \left\{ \log(x^2 + x + 1) - \frac{2}{\sqrt{3}} \tan^{-1} \left(\frac{2}{\sqrt{3}} \left(x + \frac{1}{2}\right)\right) \right\} + C$$

(4) この計算には部分積分 (定理 4.9) を用いる．

$$\int \frac{dx}{(x^2 + 1)^2} = \int \frac{(x^2 + 1) - x^2}{(x^2 + 1)^2} \, dx$$
$$= \int \frac{dx}{x^2 + 1} - \int \frac{x^2}{(x^2 + 1)^2} \, dx$$
$$= \int \frac{dx}{x^2 + 1} + \frac{1}{2} \int x \left(\frac{1}{x^2 + 1}\right)' \, dx$$
$$= \int \frac{dx}{x^2 + 1} + \frac{1}{2} \left(\frac{x}{x^2 + 1} - \int \frac{dx}{x^2 + 1}\right)$$

$$= \frac{1}{2}\int \frac{dx}{x^2+1} + \frac{1}{2}\cdot\frac{x}{x^2+1}$$
$$= \frac{1}{2}\tan^{-1}x + \frac{1}{2}\cdot\frac{x}{x^2+1} + C$$

となる. ∎

例 4.2 $\dfrac{1}{x^3+1}$ の不定積分を計算してみる. まず分母を因数分解すると $x^3+1 = (x+1)(x^2-x+1)$ となるので, 次の形に部分分数分解できることが分かる.

$$\frac{1}{x^3+1} = \frac{a}{x+1} + \frac{bx+c}{x^2-x+1}$$

両辺を比較して, $a = \dfrac{1}{3}, b = -\dfrac{1}{3}, c = \dfrac{2}{3}$ を得る. したがって

$$\int \frac{dx}{x^3+1} = \frac{1}{3}\int \frac{dx}{x+1} - \frac{1}{3}\int \frac{x-2}{x^2-x+1}dx$$
$$= \frac{1}{3}\int \frac{dx}{x+1} - \frac{1}{3}\cdot\frac{1}{2}\int \frac{(2x-1)-3}{x^2-x+1}dx$$
$$= \frac{1}{3}\log|x+1| - \frac{1}{6}\log(x^2-x+1)$$
$$\quad + \frac{1}{\sqrt{3}}\tan^{-1}\left(\frac{2}{\sqrt{3}}\left(x-\frac{1}{2}\right)\right) + C$$

無理関数の不定積分

$\displaystyle\int x\sqrt{ax+b}\,dx, \int \sqrt{ax^2+bx+c}\,dx$ のように, 根号の中に 1 次または 2 次の多項式が入った無理関数を含む不定積分は, 有理関数の不定積分に帰着することができる.

$f(x,y)$ を 2 変数有理関数とし, $f(x,\sqrt{ax+b})$ の不定積分を考える. $\sqrt{ax+b} = t$ により置換積分を行うと,

$$\frac{1}{2}\cdot\frac{a}{\sqrt{ax+b}}dx = dt$$

であるから, $dx = \dfrac{2t}{a}dt$ となる. また $x = \dfrac{t^2-b}{a}$ であるので,

$$\int f(x, \sqrt{ax+b})\,dx = \int f\left(\frac{t^2-b}{a}, t\right)\frac{2t}{a}\,dt$$

となり，t についての有理関数の不定積分となる．

同様に，$f\left(x, \sqrt{\dfrac{ax+b}{cx+d}}\right)$ の不定積分は，$\sqrt{\dfrac{ax+b}{cx+d}} = t$ と置換積分すると，

$$\frac{1}{2}\left(\sqrt{\frac{ax+b}{cx+d}}\right)^{-1}\frac{ad-bc}{(cx+d)^2}\,dx = dt, \quad x = \frac{dt^2-b}{a-ct^2}$$

となることから，

$$dx = \frac{2(ad-bc)t}{(a-ct^2)^2}\,dt$$

が分かる．したがって

$$\int f\left(x, \sqrt{\frac{ax+b}{cx+d}}\right)\,dx = \int f\left(\frac{dt^2-b}{a-ct^2}, t\right)\frac{2(ad-bc)t}{(a-ct^2)^2}\,dt$$

となり，やはり t についての有理関数の不定積分となる．

根号の中に 2 次の多項式が入った場合については，付録に回す．

根号の中に 3 次以上の多項式が入った無理関数の不定積分は，一般には初等関数では表されないことが知られている．その中で特に根号の中が 3 次と 4 次の多項式の場合は，楕円積分とよばれる．楕円積分は 19 世紀数学の華であり，その研究から深くて豊かな理論が産み出された[1]．

三角関数，指数関数の有理式の不定積分

$f(x,y)$ を 2 変数有理関数とするとき，$f(\sin x, \cos x)$ の不定積分は

$$\tan\frac{x}{2} = t$$

による置換積分で，t に関する有理関数の不定積分に帰着できる．実際，下の問 4.1 により

$$\sin x = \frac{2t}{1+t^2}, \quad \cos x = \frac{1-t^2}{1+t^2} \tag{4.14}$$

---

[1] 巻末にあげた参考文献の [2], [3] を参照のこと．

が成り立ち，また $\dfrac{1}{2}\left(1+\tan^2\dfrac{x}{2}\right)dx = dt$ により

$$dx = \dfrac{2}{1+t^2}\,dt$$

となるから，

$$\int f(\sin x, \cos x)\,dx = \int f\left(\dfrac{2t}{1+t^2}, \dfrac{1-t^2}{1+t^2}\right)\dfrac{2}{1+t^2}\,dt$$

が得られる．

問 4.1 (4.14) を示せ．

$f(x)$ を有理関数とするとき，$f(e^x)$ の不定積分は

$$e^x = t$$

による置換積分で，やはり t に関する有理関数の不定積分に帰着できる．実際 $e^x dx = dt$ により

$$dx = \dfrac{dt}{t}$$

となるので，

$$\int f(e^x)\,dx = \int \dfrac{f(t)}{t}\,dt$$

が得られる．

4.5 広義積分

積分を面積であるととらえる考え方から，自然に，無限区間上の積分や無限大に発散する関数の積分 (広義積分) の定義が導かれる．

無限区間上の積分

まず定義を与えて，そのあとで意味を説明する．

無限区間 $[a, \infty)$, $(-\infty, b]$, $(-\infty, \infty)$ 上の $f(x)$ の積分を，それぞれ

$$\int_a^\infty f(x)\,dx = \lim_{R\to\infty} \int_a^R f(x)\,dx$$
$$\int_{-\infty}^b f(x)\,dx = \lim_{R\to\infty} \int_{-R}^b f(x)\,dx \qquad (4.15)$$
$$\int_{-\infty}^\infty f(x)\,dx = \lim_{R,R'\to\infty} \int_{-R'}^R f(x)\,dx$$

で定める.正確には,それぞれの右辺の極限が存在するとき,$f(x)$ は (それぞれの区間において) **広義積分可能**であるといい,右辺により左辺の積分を定義するのである.

(4.15) の右辺の意味を説明しよう.$[a,\infty)$ の場合を考える.説明の都合上,$f(x) \geqq 0$ としておこう.このとき $y = f(x)$ のグラフは図 4.13 のようになっている.

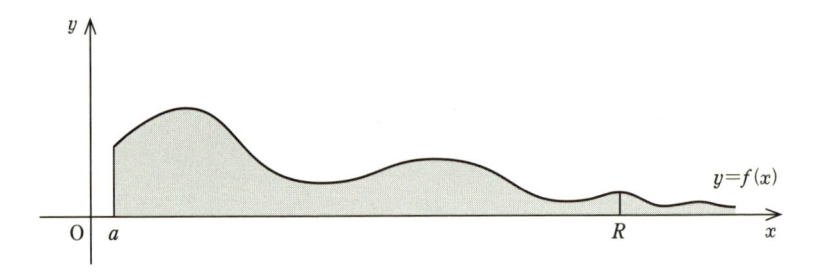

図 4.13

積分は面積であるという見方からすると,$[a,\infty)$ 上の $f(x)$ の積分 $\int_a^\infty f(x)\,dx$ は図 4.13 のうすく色をつけた部分の面積になってほしい.しかしこの色をつけた部分は横に無限に広がっているため,このままでは面積を考えることができない.そこで途中までの部分 $[a,R]$ の上の面積を考え,R をどんどん大きくしていくことで図 4.13 の色をつけた部分の面積に近づけていく.もし $R \to \infty$ における極限が存在すれば,この図形は無限に広がってはいるが,有限の面積をもつと考え,その値を広義積分の値と定めるのである.

注意 4.3 (4.15) で $(-\infty,\infty)$ の場合の $\lim\limits_{R,R'\to\infty}$ は,R と R' をそれぞれ独

立に ∞ にもっていったときの極限を意味する．だからたとえば $R' = R$ として $\lim_{R \to \infty} \int_{-R}^{R} f(x)\,dx$ が存在したとしても，広義積分可能とは限らない．

例 4.3 $f(x) = e^{-x}$ の $[0, \infty)$ 上の広義積分を計算すると，次のように

$$\int_0^\infty e^{-x}\,dx = \lim_{R \to \infty} \int_0^R e^{-x}\,dx$$
$$= \lim_{R \to \infty} [-e^{-x}]_0^R$$
$$= \lim_{R \to \infty} (-e^{-R} + 1)$$
$$= 1$$

となる． ∎

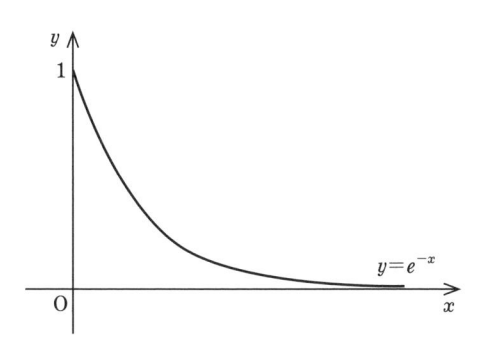

図 4.14

関数が有界でない場合の積分

$f(x)$ が $(a, b]$ 上連続で，x がこの区間内から a に近づくときの $f(x)$ の極限が存在しない場合を考える．このとき

$$\int_a^b f(x)\,dx = \lim_{\varepsilon \to +0} \int_{a+\varepsilon}^b f(x)\,dx \tag{4.16}$$

と定める．正確には，右辺の極限が存在するとき $f(x)$ は $(a,b]$ 上**広義積分可能**であるといい，右辺の極限値で左辺の積分の値を定義するのである．

$f(x)$ が $[a,b)$ 上連続で，x がこの区間内から b に近づくときの $f(x)$ の極限が存在しない場合には，

$$\int_a^b f(x)\,dx = \lim_{\varepsilon \to +0} \int_a^{b-\varepsilon} f(x)\,dx \tag{4.17}$$

と定める．

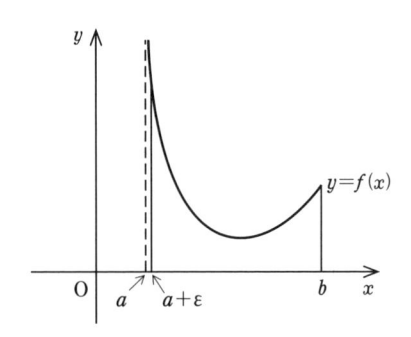

図 4.15

例 4.4 実数 a に対して，x^a の $(0,1]$ 上の積分を考える．$a \geqq 0$ の場合は x^a は $[0,1]$ 上で連続なので，ふつうの積分となり，その値は

$$\int_0^1 x^a\,dx = \left[\frac{1}{a+1}x^{a+1}\right]_0^1 = \frac{1}{a+1}$$

となる．$a < 0$ の場合を考える．このときは x^a は $(0,1]$ 上で連続だが $x \to +0$ のとき発散するので，広義積分として扱わなくてはならない．$a \neq -1$ ならば x^a の原始関数として $\dfrac{1}{a+1}x^{a+1}$ がとれるので，

$$\int_0^1 x^a\,dx = \lim_{\varepsilon \to +0} \int_\varepsilon^1 x^a\,dx$$
$$= \lim_{\varepsilon \to +0} \left[\frac{1}{a+1}x^{a+1}\right]_\varepsilon^1$$

$$= \lim_{\varepsilon \to +0} \frac{1}{a+1}(1-\varepsilon^{a+1})$$

となる．ここで

$$\lim_{\varepsilon \to +0} \varepsilon^{a+1} = \begin{cases} 0 & (a+1 > 0 \text{ のとき}) \\ \infty & (a+1 < 0 \text{ のとき}) \end{cases}$$

であるので，$a > -1$ のときは広義積分可能，$a < -1$ のときは広義積分不可能となる．残った $a = -1$ の場合は，x^{-1} の原始関数として $\log x$ がとれるので，

$$\int_0^1 x^{-1}\,dx = \lim_{\varepsilon \to +0} \int_\varepsilon^1 x^{-1}\,dx$$
$$= \lim_{\varepsilon \to +0} [\log x]_\varepsilon^1$$
$$= \lim_{\varepsilon \to +0} (-\log \varepsilon)$$
$$= \infty$$

となり，この場合も広義積分は不可能である．

以上をまとめると，$a \geqq 0$ のときは積分可能，$-1 < a < 0$ のときは広義積分可能で，いずれの場合も積分値は

$$\int_0^1 x^a\,dx = \frac{1}{a+1}$$

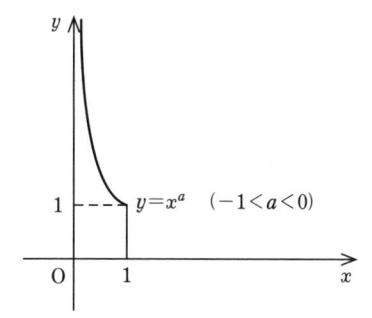

図 4.16

と表される．また $a \leqq -1$ の場合は広義積分不可能である． ∎

ガンマ関数，ベータ関数

初等関数より少し難しい関数で，理論上も応用上も非常に重要なガンマ関数とベータ関数が，広義積分を用いて定義される．

まずガンマ関数の定義を与えよう．$\alpha > 0$ に対し，

$$\Gamma(\alpha) = \int_0^\infty x^{\alpha-1} e^{-x} \, dx \tag{4.18}$$

と定める．$\Gamma(\alpha)$ を**ガンマ関数**とよぶ．

(4.18) は無限区間上の積分なので広義積分であり，また $0 < \alpha < 1$ の場合には $x^{\alpha-1} e^{-x}$ が $x \to +0$ で発散するので，その意味でも広義積分となる．すなわち (4.18) を詳しく書くと，

$$\Gamma(\alpha) = \lim_{\substack{R \to \infty \\ \varepsilon \to +0}} \int_\varepsilon^R x^{\alpha-1} e^{-x} \, dx \tag{4.19}$$

ということになる．これらの広義積分が収束することは，$R \to \infty$ の部分については例 4.3 に，また $\varepsilon \to +0$ の部分に関しては例 4.4 に帰着することで証明される．

ガンマ関数については，次の重要な公式が成り立つ．

定理 4.11 $\alpha > 0$ に対して

$$\Gamma(\alpha+1) = \alpha \, \Gamma(\alpha) \tag{4.20}$$

が成り立つ．

証明 部分積分を用いる．

$$\begin{aligned}
\Gamma(\alpha+1) &= \lim_{\substack{R \to \infty \\ \varepsilon \to +0}} \int_\varepsilon^R x^\alpha e^{-x} \, dx \\
&= \lim_{\substack{R \to \infty \\ \varepsilon \to +0}} \left\{ \left[-x^\alpha e^{-x} \right]_\varepsilon^R + \int_\varepsilon^R \alpha x^{\alpha-1} e^{-x} \, dx \right\}
\end{aligned}$$

$$= \lim_{\substack{R \to \infty \\ \varepsilon \to +0}} \left\{ -R^\alpha e^{-R} + \varepsilon^\alpha e^{-\varepsilon} + \alpha \int_\varepsilon^R x^{\alpha-1} e^{-x}\, dx \right\}$$

$$= \alpha\, \Gamma(\alpha)$$

なお上の計算では，(3.39) を用いて $\lim_{R \to \infty} R^\alpha e^{-R} = 0$ とした． ∎

例 4.3 によると，$\Gamma(1) = \int_0^\infty e^{-x} dx = 1$ となる．これと定理 4.11 を合わせると，

$$\Gamma(2) = \Gamma(1+1) = 1 \cdot \Gamma(1) = 1$$
$$\Gamma(3) = \Gamma(2+1) = 2 \cdot \Gamma(2) = 2 \cdot 1$$
$$\Gamma(4) = \Gamma(3+1) = 3 \cdot \Gamma(3) = 3 \cdot 2 \cdot 1$$

のように正の整数に対するガンマ関数の値が計算され，一般に 0 以上の整数 n に対して

$$\Gamma(n+1) = n! \tag{4.21}$$

となることが分かる．すなわちガンマ関数は，0 以上の整数に対してしか定義されていなかった階乗を，0 以上の実数にまで拡張したものになっている．

次にベータ関数の定義を与える．$\alpha > 0, \beta > 0$ に対して，

$$B(\alpha, \beta) = \int_0^1 x^{\alpha-1}(1-x)^{\beta-1}\, dx \tag{4.22}$$

と定める．$B(\alpha, \beta)$ を**ベータ関数**という．

$0 < \alpha < 1$ および $0 < \beta < 1$ の場合には (4.22) は広義積分となり，

$$B(\alpha, \beta) = \lim_{\substack{\varepsilon \to +0 \\ \varepsilon' \to +0}} \int_\varepsilon^{1-\varepsilon'} x^{\alpha-1}(1-x)^{\beta-1}\, dx \tag{4.23}$$

ということになる．これらの広義積分の収束についても，ガンマ関数のときと同様に例 4.4 に帰着して証明される．

ガンマ関数とベータ関数の間には，次のような驚くべき関係式が成り立つ．
$$B(\alpha,\beta) = \frac{\Gamma(\alpha)\Gamma(\beta)}{\Gamma(\alpha+\beta)} \tag{4.24}$$
この関係式は，第 7 章で学ぶ 2 変数関数の積分 (重積分) を用いて証明される (例 7.6 参照)．

4.6　積分法の応用

面積の計算

$f(x)$ が区間 $[a,b]$ で連続で $f(x) \geqq 0$ のとき，積分 $\displaystyle\int_a^b f(x)\,dx$ はグラフ $y=f(x)$ と直線 $x=a, x=b$ および x 軸とで囲まれる図形の面積を与えるのであった．同様に，$f(x), g(x)$ が区間 $[a,b]$ で連続で $f(x) \geqq g(x)$ のとき，グラフ $y=f(x), y=g(x)$ と直線 $x=a, x=b$ とで囲まれる図形の面積は
$$\int_a^b (f(x)-g(x))\,dx \tag{4.25}$$
で与えられる．

例 4.5　$\dfrac{\pi}{4} \leqq x \leqq \dfrac{5}{4}\pi$ の範囲で $y=\sin x$ と $y=\cos x$ とで囲まれる図形の面積を求めよ．

解　この範囲で $\sin x \geqq \cos x$ となるので，求める面積は
$$\int_{\frac{\pi}{4}}^{\frac{5}{4}\pi} (\sin x - \cos x)\,dx = [-\cos x - \sin x]_{\frac{\pi}{4}}^{\frac{5}{4}\pi}$$
$$= \left(\frac{\sqrt{2}}{2}+\frac{\sqrt{2}}{2}\right) - \left(-\frac{\sqrt{2}}{2}-\frac{\sqrt{2}}{2}\right)$$
$$= 2\sqrt{2}$$
となる．　∎

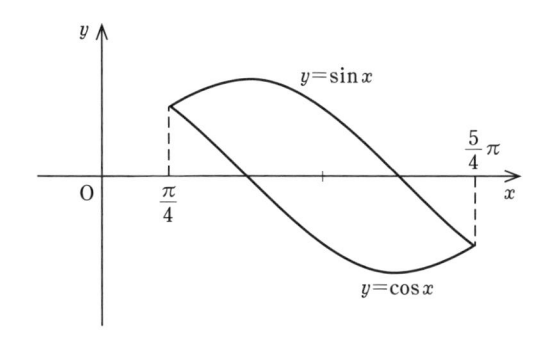

図 4.17

例 4.6 媒介変数 t を用いて, $x = a(t - \sin t), y = a(1 - \cos t)$; $0 \leqq t \leqq 2\pi$ $(a > 0)$ で与えられる曲線を**サイクロイド** (cycloid) という. この曲線と x 軸とで囲まれる部分の面積を求めよ.

解 図 4.18 により, 求める面積は積分 $\int_0^{2a\pi} y \, dx$ で与えられることが分かる. $x = a(t - \sin t)$ による置換積分を考える. $dx = a(1 - \cos t) \, dt$ となるので, 求める面積は

$$\begin{aligned}
\int_0^{2a\pi} y \, dx &= \int_0^{2\pi} a(1 - \cos t) \cdot a(1 - \cos t) \, dt \\
&= a^2 \int_0^{2\pi} (1 - 2\cos t + \cos^2 t) \, dt \\
&= a^2 \int_0^{2\pi} \left(1 - 2\cos t + \frac{\cos 2t + 1}{2}\right) dt \\
&= a^2 \left[\frac{3}{2}t - 2\sin t + \frac{1}{4}\sin 2t\right]_0^{2\pi} \\
&= 3\pi a^2
\end{aligned}$$

となる. ∎

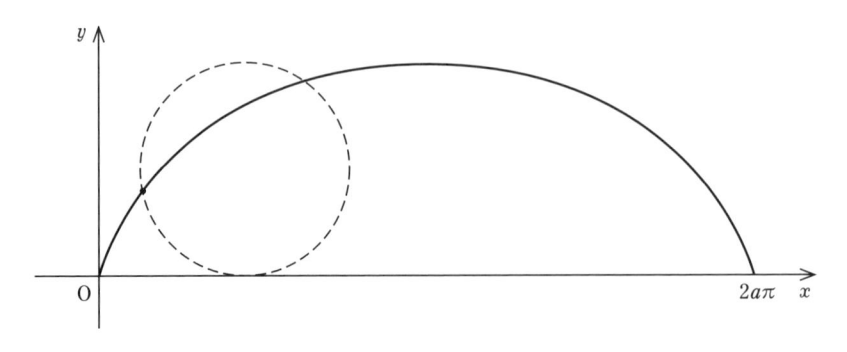

図 **4.18** サイクロイド

極座標で表された図形の面積

xy-平面上の点 P を表すのに，図 4.19 のように原点 O からの距離 $r =$ OP と，x 軸から線分 OP へ向かって測った角度 θ を用いる方法がある．このと

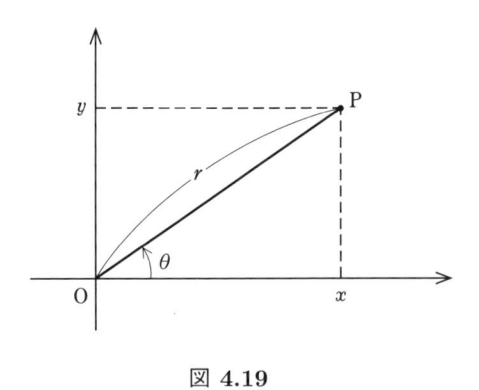

図 **4.19**

き (r, θ) を**極座標**という．(x, y) 座標との関係は，図 4.19 から分かるように

$$\begin{cases} x = r\cos\theta \\ y = r\sin\theta \end{cases} \tag{4.26}$$

で与えられる．r の範囲は $r \geqq 0$ となる．θ の範囲は，$0 \leqq \theta \leqq 2\pi$ あるいは $-\pi \leqq \theta \leqq \pi$ などがよく用いられる．

xy-平面上の曲線が，極座標により

$$r = f(\theta), \quad \theta \in [\alpha, \beta] \tag{4.27}$$

と表されているとしよう．ここで $f(\theta)$ は区間 $[\alpha, \beta]$ で連続とする．(4.27) を**極方程式**という．この曲線と，半直線 $\theta = \alpha$, $\theta = \beta$ とで囲まれた図形の面積を，この表示を生かした方法で求めてみよう．

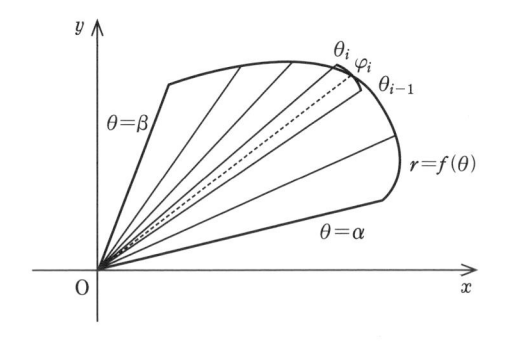

図 4.20

積分の定義と同様に，区間 $[\alpha, \beta]$ を小区間に分割する：

$$\alpha = \theta_0 < \theta_1 < \theta_2 < \cdots < \theta_{n-1} < \theta_n = \beta$$

次に各小区間 $[\theta_{i-1}, \theta_i]$ 内に点 φ_i をとる．各 i について，曲線 $r = f(\theta)$ と半直線 $\theta = \theta_{i-1}$, $\theta = \theta_i$ とで囲まれる部分を，同じ半直線と円周 $r = f(\varphi_i)$ とで囲まれる扇形で置き換えることにより，近似図形が得られるであろう．この扇形の面積は $\frac{1}{2} f(\varphi_i)^2 (\theta_i - \theta_{i-1})$ であるので，近似図形の面積は

$$\sum_{i=1}^{n} \frac{1}{2} f(\varphi_i)^2 (\theta_i - \theta_{i-1})$$

となる．これは関数 $\frac{1}{2} f(\theta)^2$ に対する Riemann 和に他ならない．したがって分割の巾を限りなく 0 に近づけた極限を考えることで，この Riemann 和は $\frac{1}{2} f(\theta)^2$ の $[\alpha, \beta]$ 上の積分に収束し，またそれはもとの図形の面積を与えることになる．こうして次の定理を得る．

定理 4.12 極方程式で表された曲線 $r = f(\theta)$ と半直線 $\theta = \alpha, \theta = \beta$ とで囲まれた図形の面積は，

$$\frac{1}{2}\int_\alpha^\beta f(\theta)^2\, d\theta \tag{4.28}$$

で与えられる．

例 4.7 曲線 $r = a\cos\theta\ (a > 0)$ で囲まれる図形の面積を求めよ．

解 図形は図 4.21 のようになるので，θ の範囲は $-\dfrac{\pi}{2} \leqq \theta \leqq \dfrac{\pi}{2}$ となる．

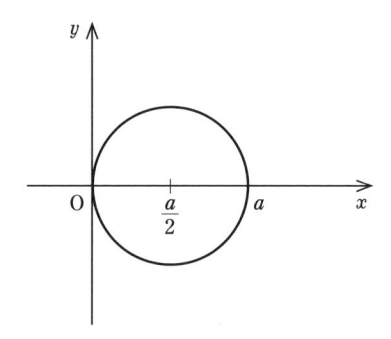

図 4.21

よって求める面積は，

$$\begin{aligned}
\frac{1}{2}\int_{-\frac{\pi}{2}}^{\frac{\pi}{2}} (a\cos\theta)^2\, d\theta &= \frac{a^2}{2}\int_{-\frac{\pi}{2}}^{\frac{\pi}{2}} \frac{1+\cos 2\theta}{2}\, d\theta \\
&= \frac{a^2}{2}\left[\frac{\theta}{2} + \frac{\sin 2\theta}{4}\right]_{-\frac{\pi}{2}}^{\frac{\pi}{2}} \\
&= \frac{\pi a^2}{4}
\end{aligned}$$

となる．これは当然ながら，半径 $\dfrac{a}{2}$ の円の面積である． ∎

曲線の長さ

積分は面積を与えるものであったが，その考え方を応用することにより曲線の長さも積分で与えることができる．

曲線 C がグラフ $y = f(x)$ $(a \leqq x \leqq b)$ で与えられているとする．この曲線を折れ線で近似し，折れ線の長さの極限として曲線の長さをとらえよう．折れ線を構成するため，まず区間 $[a,b]$ を小区間に分割する：

$$a = x_0 < x_1 < x_2 < \cdots < x_{n-1} < x_n = b$$

点 $(x_i, f(x_i))$ を次々に線分で結んでいくことにより，曲線 C を近似する折れ線が得られる．

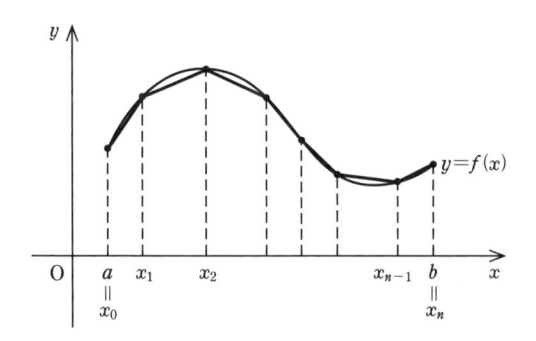

図 4.22

$(x_{i-1}, f(x_{i-1}))$ と $(x_i, f(x_i))$ を結ぶ線分の長さは

$$\sqrt{(x_i - x_{i-1})^2 + (f(x_i) - f(x_{i-1}))^2}$$
$$= \sqrt{1 + \left(\frac{f(x_i) - f(x_{i-1})}{x_i - x_{i-1}}\right)^2} (x_i - x_{i-1})$$

で与えられるので，折れ線の長さは

$$\sum_{i=1}^{n} \sqrt{1 + \left(\frac{f(x_i) - f(x_{i-1})}{x_i - x_{i-1}}\right)^2} (x_i - x_{i-1})$$

となる．さて $f(x)$ が区間 $[a,b]$ で微分可能とすると，平均値の定理により各

i について

$$\frac{f(x_i) - f(x_{i-1})}{x_i - x_{i-1}} = f'(p_i)$$

となる点 p_i が区間 (x_{i-1}, x_i) に存在するので，折れ線の長さは

$$\sum_{i=1}^{n} \sqrt{1 + f'(p_i)^2}\,(x_i - x_{i-1})$$

と表される．これは関数 $\sqrt{1 + f'(x)^2}$ に対する Riemann 和に他ならないので，$f'(x)$ が連続であれば，分割の巾を限りなく 0 に近づけるとき $\sqrt{1 + f'(x)^2}$ の区間 $[a,b]$ 上の積分に収束する．以上により次の定理を得る．

定理 4.13 $f(x)$ は区間 $[a,b]$ において微分可能で $f'(x)$ が連続であるとする．このとき曲線 $y = f(x)$ $(a \leqq x \leqq b)$ の長さは

$$\int_a^b \sqrt{1 + f'(x)^2}\,dx \tag{4.29}$$

で与えられる．

例 4.8 $y = \dfrac{e^x + e^{-x}}{2}$ で与えられる曲線を**懸垂線**という．この曲線の $-a \leqq x \leqq a$ $(a > 0)$ の範囲の長さを求めよ．

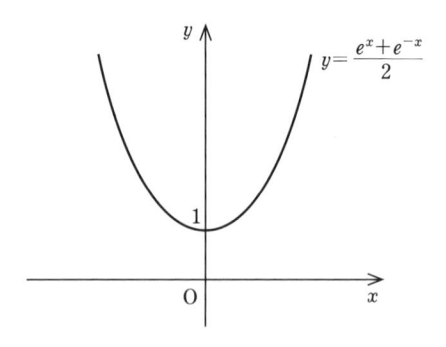

図 4.23 懸垂線

解 $1 + (y')^2 = 1 + \left(\dfrac{e^x - e^{-x}}{2}\right)^2 = \dfrac{(e^x + e^{-x})^2}{4}$

となるので，定理 4.12 より求める曲線の長さは

$$\int_{-a}^{a} \frac{e^x + e^{-x}}{2} \, dx = \left[\frac{e^x - e^{-x}}{2}\right]_{-a}^{a} = e^a - e^{-a}$$

となる． ∎

問題 4

1. 不定積分を求めよ．

(1) $\displaystyle\int (2x^3 + 3x - 1)\, dx$

(2) $\displaystyle\int \tan x \, dx$

(3) $\displaystyle\int \log x \, dx$

(4) $\displaystyle\int e^{3x+4} \, dx$

(5) $\displaystyle\int a^{2x} \, dx \quad (a > 0)$

(6) $\displaystyle\int x^{2a} \, dx \quad \left(a \neq -\dfrac{1}{2}\right)$

(7) $\displaystyle\int \dfrac{dx}{x^2 - 1}$

(8) $\displaystyle\int \dfrac{x^2 - x + 1}{x + 2} \, dx$

2. 不定積分を求めよ．

(1) $\displaystyle\int \dfrac{x^3 + 1}{x^2 + 1} \, dx$

(2) $\displaystyle\int \dfrac{dx}{x^2 - 2x + 2}$

(3) $\displaystyle\int \dfrac{dx}{\sqrt{2 - x^2}}$

(4) $\displaystyle\int \dfrac{2x}{\sqrt{x^2 + 1}} \, dx$

(5) $\displaystyle\int \dfrac{dx}{x^4 + 1}$

(6) $\displaystyle\int x\sqrt{2 - x} \, dx$

(7) $\displaystyle\int \dfrac{dx}{\cos x + 1}$

(8) $\displaystyle\int \cos^3 x \, dx$

(9) $\displaystyle\int \dfrac{e^x - e^{-x}}{e^x + e^{-x}} \, dx$

(10) $\displaystyle\int \dfrac{e^x - 1}{(e^x + 1)^2} \, dx$

3. $I_n = \displaystyle\int_0^{\frac{\pi}{2}} \sin^n x \, dx \ (n = 0, 1, 2, \cdots)$ とおくとき，次の問いに答えよ．

(1) 漸化式 $nI_n = (n-1)I_{n-2} \ (n \geqq 2)$ を示せ．

(2) $I_n = \begin{cases} \dfrac{n-1}{n} \cdot \dfrac{n-3}{n-2} \cdots\cdots \cdot \dfrac{3}{4} \cdot \dfrac{1}{2} \cdot \dfrac{\pi}{2} & (n \text{ が偶数のとき}) \\ \dfrac{n-1}{n} \cdot \dfrac{n-3}{n-2} \cdots\cdots \cdot \dfrac{4}{5} \cdot \dfrac{2}{3} & (n \text{ が奇数のとき}) \end{cases}$

を示せ．

4. m, n を 0 以上の整数とするとき，次の積分の値を求めよ．

(1) $\displaystyle\int_0^{2\pi} \sin mx \cdot \sin nx \, dx$ (2) $\displaystyle\int_0^{2\pi} \sin mx \cdot \cos nx \, dx$

(3) $\displaystyle\int_0^{2\pi} \cos mx \cdot \cos nx \, dx$

5. 積分の値を求めよ．

(1) $\displaystyle\int_{-\infty}^{\infty} \frac{dx}{x^2 - x + 1}$ (2) $\displaystyle\int_0^1 \log x \, dx$

(3) $\displaystyle\int_0^{\infty} xe^{-x^2} dx$ (4) $\displaystyle\int_0^2 \frac{dx}{\sqrt{|1-x|}}$

6. $f(x)$ を連続関数とするとき，$\dfrac{d}{dx}\displaystyle\int_a^{x^2} f(t)\, dt$ を計算せよ．

7. 次の面積を求めよ．

(1) $y = x^2$ と $y = x^3$ とで囲まれた部分．

(2) 楕円 $\dfrac{x^2}{a^2} + \dfrac{y^2}{b^2} = 1$ $(a > 0, b > 0)$ で囲まれた部分．

(3) 媒介変数表示 $x = a\cos^3 t$, $y = a\sin^3 t$; $0 \leqq t \leqq 2\pi$ $(a > 0)$ で与えられる曲線で囲まれた部分 (この曲線はアステロイド (asteroid) とよばれる)．

(4) 極方程式 $r^2 = 2a^2 \cos 2\theta$ $(a > 0)$ で与えられる曲線で囲まれた部分 (この曲線はレムニスケート (lemniscate) とよばれる)．

アステロイド　　　　　　レムニスケート

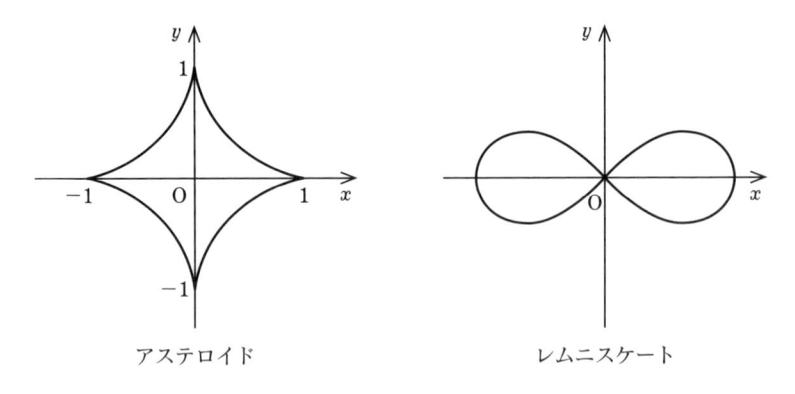

図 4.24

8. (1) $y = e^x$ のグラフの $0 \leqq x \leqq 1$ の部分の長さを求めよ．

(2) 媒介変数表示 $x = x(t), y = y(t)$; $a \leqq t \leqq b$ で表される曲線の長さは，
$$\int_a^b \sqrt{x'(t)^2 + y'(t)^2}\, dt$$
で与えられることが，定理 4.13 と同様にして示される．このことを利用して，サイクロイド $x = a(t - \sin t), y = a(1 - \cos t)$; $0 \leqq t \leqq 2\pi$ $(a > 0)$ の長さを求めよ．

第 5 章
なぜ多変数関数を考えるのか

　微分積分が自然現象の解明に使われることを第 1 章で説明した．実際にいろいろな自然現象を調べていくには，変数の数が二つ以上の多変数関数がどうしても必要となる．ここではどのように多変数関数を使う必要が生じるのか，それに対してどのような微分積分を行うことになるのかを紹介しよう．ここで行われる計算や登場する概念については今の段階では完全に理解する必要はなく，次章以降できちんと学んでいけばよい．

　自然現象の例として，弦の音を考えよう．長さ l の弦をピンと張って両端を固定する．ギターやバイオリンなどの弦楽器を想定してほしい．

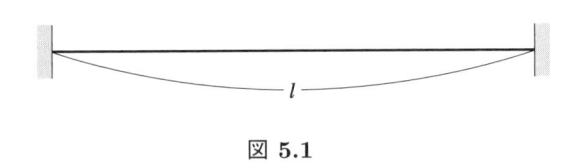

図 5.1

　弦をはじくと音が出るが，それははじかれたことにより弦が振動を続け，その振動が空気の振動をもたらすからである．したがって弦の音を調べるには，弦の振動を調べればよいことになる．

　さて弦は質点が一列に連なっているもので，その質点それぞれが時刻とともに位置を変えるというのが弦の振動である．したがって，どの質点がどの時刻にどの位置にあるかを記述することにより，弦の振動が記述される．

図 5.2

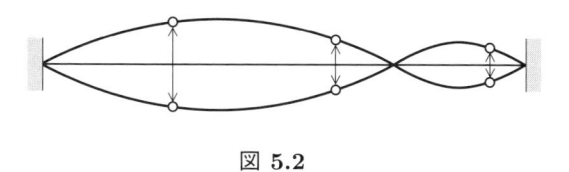

どの質点かを表すのに弦の左端からの距離 x を用い，その質点の時刻 t における静止状態 (弦がピンと張った状態) からのずれを u とする (上方向にずれているときには $u > 0$，下方向にずれているときには $u < 0$ とする).

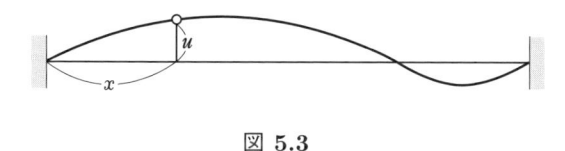

図 5.3

すると u の値は x と t によって変化するので，u は t と x の 2 変数による関数になる:

$$u = u(t, x)$$

この関数 $u(t, x)$ が分かれば，各時刻 t における弦の形が分かり，したがって弦の振動の様子が分かることになる．

弦を構成する質点はニュートンの運動法則に従うので，その質点の位置を表す u が運動方程式を満たす．運動方程式は (質量)×(加速度) = (外力) であった．このうち加速度は位置を表す関数を 2 回微分したものであったが，今の場合位置を表す u は t, x の 2 変数の関数なので，その微分はどう考えたらよいのだろうか．1 変数の場合を考えると，時刻を変数として位置を表す関数の微分が速度，2 回微分が加速度だったので，$u(t, x)$ の場合も u を t の関数とみて微分していかなくてはならない．言い換えると，x は固定しておいて，t のみの 1 変数関数と見なして微分するのである．多変数関数に対するこのような微分を**偏微分**といい，今の場合は変数と見なすのは t であるので

$$\frac{\partial u}{\partial t}$$

という記号で表す．d の代わりに ∂ (丸い d，あるいはラウンドとよぶこともある) という記号を用いて，1 変数の微分と区別するのである．よって加速度は $\dfrac{\partial^2 u}{\partial t^2}$ となる．一方，運動方程式の右辺にある外力は弦の張力に由来し，左から x のところにある質点に対してはその両側からの張力が外力となる．その張力は，注目する質点の両側のごく近くの部分がどのような状態になっているかによって決まることになり，今度は $u(t,x)$ を x の関数と見なして 2 回微分した量 $\dfrac{\partial^2 u}{\partial x^2}$ を用いて表されるのである[1]．

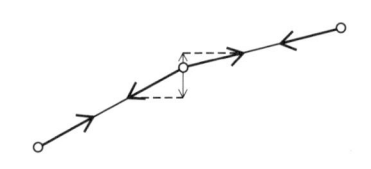

図 5.4

その結果，弦の運動方程式は

$$\frac{\partial^2 u}{\partial t^2} = \kappa^2 \frac{\partial^2 u}{\partial x^2} \tag{5.1}$$

(κ は弦の密度と弦全体の張力によって決まる定数) という形に書かれる．(5.1) を**波動方程式**という．

波動方程式を解いて u を求め，弦の音を調べてみよう．はじめに波動方程式の次の性質に注意しておく．

波動方程式の性質

u_1, u_2 が解ならば，$u_1 + u_2$ も解となる．u が解，c が定数なら，cu も解となる．

これらは，微分の性質 (第 3 章，定理 3.2 (i), (ii)) と同様のことが偏微分の場合も成り立つことから従う．この性質により，簡単な形の解 $u_1, u_2, u_3, \cdots$

---

[1] 物理の教科書を参照のこと．

を求めておけば,

$$u = c_1 u_1 + c_2 u_2 + c_3 u_3 + \cdots \qquad (c_1, c_2, c_3, \cdots \text{は定数}) \qquad (5.2)$$

という形で複雑な解も求めることができる. (5.2) を $u_1, u_2, u_3, \cdots$ の**線形結合**という.

さてそこで我々は, 簡単な形の解を探すことにしよう. 簡単な形の解として, $u(t, x) = g(t)v(x)$ という解を考える. これは2変数関数 $u(t, x)$ が, t のみの1変数関数 $g(t)$ と x のみの1変数関数 $v(x)$ との積で表されているという意味で, この形を**変数分離形**という (たとえば tx^2 は変数分離形だが, $t + x^2$ は変数分離形ではない). 偏微分とは指定した一つの変数以外を固定して微分することであったから, たとえば $\dfrac{\partial u}{\partial t} = \dfrac{\partial}{\partial t}(g(t)v(x))$ を計算するときには, $v(x)$ は定数と考えて微分を実行すればよい. したがって $\dfrac{\partial u}{\partial t} = g'v$ となる. こうして

$$\frac{\partial^2 u}{\partial t^2} = g''v, \quad \frac{\partial^2 u}{\partial x^2} = gv''$$

を得る. ただし g'', v'' は, それぞれの変数 (t および x) についての2回微分を表している. これを (5.1) に代入して,

$$g''v = \kappa^2 g v''$$

この式を

$$\frac{g''}{g} = \kappa^2 \frac{v''}{v} \qquad (5.3)$$

と書き変えてみる. (5.3) の左辺は t のみの関数なので x にはよらない値になる. また一方 (5.3) の右辺は x のみの関数なので t にはよらない値となる. それらが等しいということは, 両辺とも t にも x にもよらない値ということになる. つまり (5.3) の両辺は定数となるのである. その定数を $-\lambda$ とおこう. すなわち

$$\frac{g''}{g} = \kappa^2 \frac{v''}{v} = -\lambda$$

これより

を得る.これらは第 3 章 3.4 節で調べた微分方程式である.その結果によると,$\lambda \leqq 0$ のときにはこれらの解は指数関数あるいは多項式となり,その場合 $|g(t)|$ が $t \to \infty$ または $t \to -\infty$ において ∞ に発散してしまい,弦の振動としてはあり得ないことになる.よって $\lambda > 0$ でなければならない.このとき (5.4), (5.5) の解は

$$g'' + \lambda g = 0 \tag{5.4}$$

$$v'' + \frac{\lambda}{\kappa^2} v = 0 \tag{5.5}$$

$$g(t) = a_1 \sin \sqrt{\lambda} t + a_2 \cos \sqrt{\lambda} t \tag{5.6}$$

$$v(x) = b_1 \sin \frac{\sqrt{\lambda}}{\kappa} x + b_2 \cos \frac{\sqrt{\lambda}}{\kappa} x \tag{5.7}$$

で与えられる (a_1, a_2, b_1, b_2 は定数).

ところで弦の音は弦の長さによって変わるはずであるが,今までの計算では弦の長さ l はどこにも登場してこなかった.弦の長さとは,固定されている両端の間の距離のことであり,その状況を $u(t,x)$ に対する条件として与えなくてはならない.弦の左端は $x = 0$ に対応し,右端は $x = l$ に対応する.それらの点において時刻 t が何であっても u の値が 0 のままであるということが,両端が固定されている (動かない) ということになる.すなわち

$$u(t, 0) = u(t, l) = 0 \tag{5.8}$$

これを**境界条件**という.さて $u(t,x) = g(t)v(x)$ の場合には,境界条件は $g(t)v(0) = g(t)v(l) = 0$ となり,g が恒等的に 0 の場合を除けば

$$v(0) = v(l) = 0$$

という条件になる.これを (5.7) に代入する.まず $v(0) = 0$ より

$$0 = v(0) = b_1 \sin 0 + b_2 \cos 0 = b_2$$

すなわち $b_2 = 0$ となる.次に $v(l) = 0$ により,

$$b_1 \sin \frac{\sqrt{\lambda}}{\kappa} l = 0$$

これより $b_1 = 0$ または $\sin \dfrac{\sqrt{\lambda}}{\kappa} l = 0$. このうち $b_1 = 0$ は $v(x) \equiv 0$ を意味し, 何も振動しない状態を与えるので除外すると,

$$\sin \frac{\sqrt{\lambda}}{\kappa} l = 0$$

となる. κ, l は与えられた定数なので, これは λ に対する条件となる. つまり λ は, $\theta = \dfrac{\sqrt{\lambda}}{\kappa} l$ において $\sin \theta$ の値が 0 になるような数として決まるのである. 具体的には

$$\frac{\sqrt{\lambda}}{\kappa} l = n\pi \qquad (n = 1, 2, 3, \cdots)$$

となる. これより $\sqrt{\lambda} = \dfrac{n\pi\kappa}{l}$ となり, $v(x)$ のみならず $g(t)$ も決まってくるのである. すなわち

$$v(x) = b_1 \sin \frac{n\pi}{l} x$$
$$g(t) = a_1 \sin \frac{n\pi\kappa}{l} t + a_2 \cos \frac{n\pi\kappa}{l} t$$

となる. この表示の n を取り替えるといろいろなタイプの解が得られ, それらの線形結合として複雑な解も表すことができるのである.

$n = 1$ の場合に, この $g(t)$ と $v(x)$ で与えられる変数分離解 $u(t, x) = g(t)v(x)$ がどのような振動を記述するものになるのかをみてみよう. 簡単のため $a_1 = 0, a_2 = 1$ とする. すると

$$u(t, x) = b_1 \cos \frac{\pi\kappa t}{l} \cdot \sin \frac{\pi x}{l} \tag{5.9}$$

となる. $t = 0, \dfrac{l}{4\kappa}, \dfrac{2l}{4\kappa}, \dfrac{3l}{4\kappa}, \dfrac{l}{\kappa}, \dfrac{5l}{4\kappa}, \dfrac{6l}{4\kappa}, \dfrac{7l}{4\kappa}, \dfrac{2l}{\kappa}$ のときの $u(t, x)$ のグラフを並べてみよう.

図 5.5

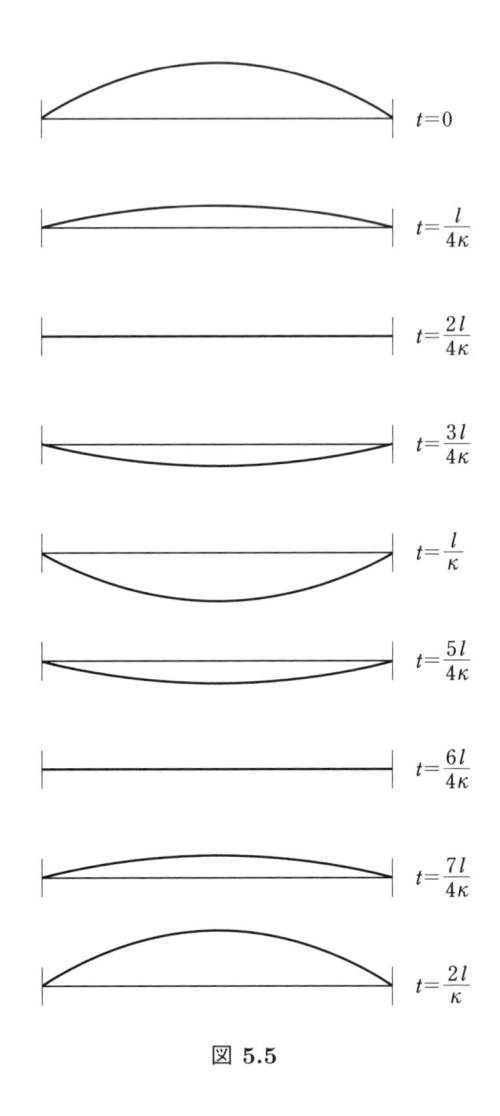

弦の振動している様子が見て取れることと思う.

問 5.1 弦の長さ l と音の高さの関係を,上の解 (5.9) を用いて説明せよ.

問 5.2 太鼓の膜の振動を記述するには,何変数の関数が必要となるだろうか.

第 6 章
偏微分法

6.1 平面の領域

1 変数関数の定義域はおもに区間であったが，2 変数関数 $f(x,y)$ の定義域としては，xy-平面全体とか円板 $\{(x,y) \mid x^2+y^2 < R^2\}$ などのように，広がりのある図形が現れる．こういった図形を指し示すため，**領域**ということばが使われる．この節では領域の意味をはっきりと定めよう．

xy-平面上の点 $\mathrm{P}(a,b)$ を中心とする半径 ε の開円板 $\{(x,y) \mid (x-a)^2+(y-b)^2 < \varepsilon^2\}$ を，P の ε **近傍**とよぶ．

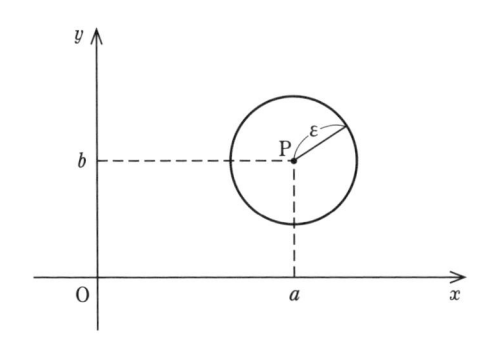

図 6.1

xy-平面の図形 D を考える．点 P が D の**内点**であるとは，P の ε 近傍がすっかり D に含まれるような $\varepsilon>0$ がとれることをいう．また点 P が D の

外点であるとは，P の ε 近傍が D と交わらないような $\varepsilon > 0$ がとれることをいう．さらに点 P が D の境界点であるとは，$\varepsilon > 0$ をどのようにとっても，P の ε 近傍に D に属する点も D に属しない点も含まれることをいう．

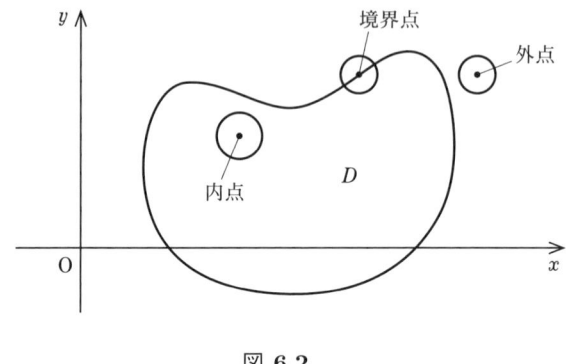

図 6.2

あらゆる点は，D の内点か外点か境界点かのいずれかである．

さて xy-平面の図形 D が内点ばかりからなるとき，D を**開集合**という．xy-平面全体や開円板 $\{(x,y) \mid x^2 + y^2 < R^2\}$ は開集合である．一方閉円板 $\{(x,y) \mid x^2 + y^2 \leqq R^2\}$ は，$x^2 + y^2 = R^2$ となる境界点を含むため，開集合とはならない．また x 軸のように，広がりをもたない図形も開集合とはならない．

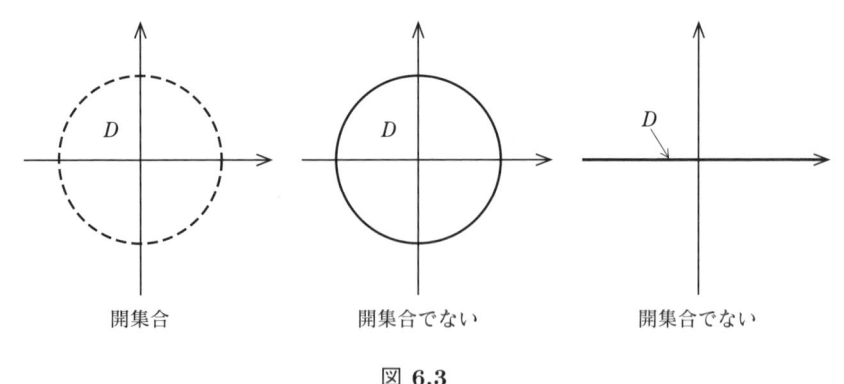

図 6.3

図形 D が二つ以上の離れた部分からなるとき，連結ではないという．逆に

いえば，図形 D が**連結**であるとは，D の任意の 2 点が D 内を通る連続曲線によって結ばれることをいう．

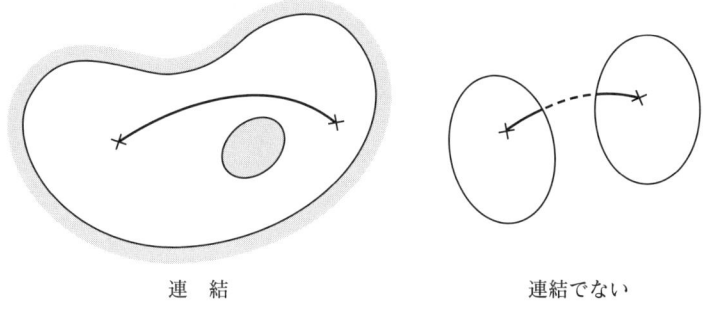

図 6.4

そして，連結な開集合を**領域**というのである．領域にその境界点を付け加えた図形を**閉領域**とよぶ．

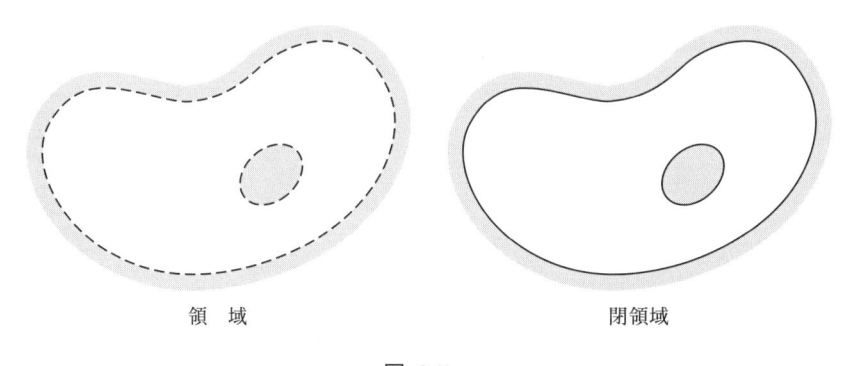

図 6.5

領域 (または閉領域) D が，原点を中心とするある円板にすっかり含まれてしまうとき，D は**有界**であるという．

6.2 関数の極限と連続性

xy-平面上の点 (x, y) が点 (a, b) に限りなく近づくということの意味を，

$$\sqrt{(x-a)^2+(y-b)^2} \longrightarrow 0$$

と定める．つまり 2 点間の距離が 0 に限りなく近づくことと定めるのである．このとき

$$(x,y) \to (a,b)$$

と表す．

1 変数の場合も，$x \to a$ とは x と a の距離 $|x-a|$ が 0 に限りなく近づくことであったから，上の定義はその自然な拡張になっている．ところが 1 変数の場合には x が a に近づくには右からと左からの二つの方向しかなかったが，2 変数の場合には右・左・上・下・斜めなどあらゆる方向からの近づき方があり，さらには方向を変えながら近づく近づき方さえある．

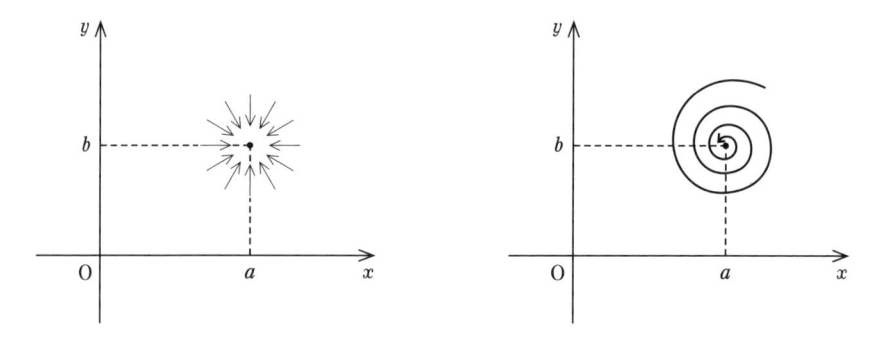

図 6.6

じつはこの近づき方の多様性が，1 変数関数の微分積分と多変数関数の微分積分の大きな違いを生むのである．

(a,b) の近傍を含む領域から (a,b) を除いたところで定義された関数 $f(x,y)$ を考える．(x,y) が (a,b) に限りなく近づくとき，$f(x,y)$ が α に限りなく近づくならば，すなわち

$$|f(x,y)-\alpha| \to 0 \qquad ((x,y) \to (a,b))$$

となるとき，α を $f(x,y)$ の $(x,y) \to (a,b)$ における**極限** (または**極限値**) と

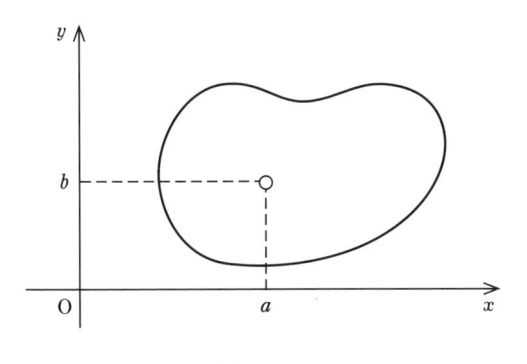

図 **6.7**

よび，
$$\lim_{(x,y)\to(a,b)} f(x,y) = \alpha \quad \text{または} \quad f(x,y) \to \alpha \quad ((x,y) \to (a,b))$$
と表す．上で注意したように (x,y) が (a,b) に近づく近づき方は無数にあるので，これはどのような近づき方をしたとしても，$f(x,y)$ がその近づき方によらず一定の値 α に近づくことを意味している．

例 6.1 $\displaystyle\lim_{(x,y)\to(1,2)}(2x+y) = 4$ を示せ．また $\displaystyle\lim_{(x,y)\to(0,0)} \frac{xy}{x^2+y^2}$ は存在しないことを示せ．

解 $\displaystyle\lim_{(x,y)\to(1,2)}(2x+y)$ を考える．この場合，$(x,y) \to (1,2)$ より $x \to 1$ と $y \to 2$ が従うので，$\displaystyle\lim_{(x,y)\to(1,2)}(2x+y) = 4$ が分かる．

次に $\displaystyle\lim_{(x,y)\to(0,0)} \frac{xy}{x^2+y^2}$ を考えてみる．(x,y) が傾き θ の直線に沿って $(0,0)$ に近づくときには，$x = r\cos\theta, y = r\sin\theta$ を代入して
$$\frac{xy}{x^2+y^2} = \frac{r^2\cos\theta\sin\theta}{r^2} = \cos\theta\sin\theta$$
となる．この場合 $(x,y) \to (0,0)$ は $r \to 0$ ということだが，上の表示は r によらないため，右辺の値がそのまま極限値となる．つまり極限値が $(0,0)$ に近

づく方向によって変わってしまうのである．そのため $\displaystyle\lim_{(x,y)\to(0,0)} \frac{xy}{x^2+y^2}$ は存在しないことになる． ∎

2変数関数の極限については，1変数関数の場合の第2章定理2.4と同様の定理が成り立つ．

定理 6.1 (関数の極限の四則演算) $\displaystyle\lim_{(x,y)\to(a,b)} f(x,y) = \alpha$, $\displaystyle\lim_{(x,y)\to(a,b)} g(x,y) = \beta$ とするとき，次が成り立つ．

(i) $\displaystyle\lim_{(x,y)\to(a,b)} (f(x,y) + g(x,y)) = \alpha + \beta$

(ii) $\displaystyle\lim_{(x,y)\to(a,b)} (cf(x,y)) = c\alpha$ （c は定数）

(iii) $\displaystyle\lim_{(x,y)\to(a,b)} (f(x,y)g(x,y)) = \alpha\beta$

(iv) $g(x,y) \neq 0, \beta \neq 0$ のとき，$\displaystyle\lim_{(x,y)\to(a,b)} \frac{f(x,y)}{g(x,y)} = \frac{\alpha}{\beta}$

連続関数

xy-平面の領域 D で定義された関数 $f(x,y)$ を考える．

定義 6.1 (連続関数) (i) $(a,b) \in D$ とする．

$$\lim_{(x,y)\to(a,b)} f(x,y) = f(a,b) \tag{6.1}$$

が成り立つとき，$f(x,y)$ は (a,b) で**連続**であるという．

(ii) $f(x,y)$ が D のすべての点で連続のとき，$f(x,y)$ は D で**連続**であるという．

1変数のときと同様に，連続関数の和・差・積・商はまた連続である（ただし商の場合は分母が0になる点を除く）．また二つの連続関数の合成関数が定義されるときには，合成関数はまた連続である．

定理 6.2 有界な閉領域 D において連続な関数は，D において最大値と最小値をとる．

この定理も第 2 章の定理 2.7 と同様に直観的には明らかであるが，証明は手間がかかるのでここでは省略する．

6.3 偏微分と全微分

偏微分

1 変数関数における微分係数は関数の変化率を表すものであり，またグラフの接線の傾きを与えるものであった．多変数関数は，一つの変数を選び，残りの変数を固定して考えることで 1 変数関数と見なすことができる．このように多変数関数を一つ選んだ変数に関する 1 変数関数と見なしたときの微分係数を，**偏微分係数**という．これは選んだ変数が変化する方向に関する変化率を表し，またあるグラフの接線の傾きととらえることもできる．以上の事柄を，2 変数関数の場合に正確に述べていこう．

D を領域とし，D で定義された関数 $f(x,y)$ を考える．

定義 6.2 (偏微分可能，偏微分係数，偏導関数) (i) $(a,b) \in D$ とする．極限

$$\lim_{x \to a} \frac{f(x,b) - f(a,b)}{x - a} \tag{6.2}$$

が存在するとき，$f(x,y)$ は (a,b) において x に関して**偏微分可能**であるという．この極限を $f(x,y)$ の (a,b) における x に関する**偏微分係数**とよび，

$$f_x(a,b) \quad \text{または} \quad \frac{\partial f}{\partial x}(a,b)$$

で表す．

(ii) $f(x,y)$ が領域 D のすべての点において x に関して偏微分可能であるとき，$f(x,y)$ は D において x に関して**偏微分可能**であるという．このとき領域 D の各点 (a,b) に $f_x(a,b)$ を対応させることで，D で定義された関数が得られる．この関数を $f(x,y)$ の x に関する**偏導関数**とよび，

$$f_x(x,y) \quad \text{または} \quad \frac{\partial f}{\partial x}(x,y)$$

で表す．x に関する偏導関数を求めることを，x に関して**偏微分する**という．
(6.2) より，x に関する偏導関数を直接定義する式が得られる：

$$f_x(x,y) = \lim_{h \to 0} \frac{f(x+h,y) - f(x,y)}{h} \tag{6.3}$$

(iii) y に関する偏微分係数，偏導関数などがまったく平行に定義される．極限

$$\lim_{y \to b} \frac{f(a,y) - f(a,b)}{y - b}$$

が存在するとき $f(x,y)$ は (a,b) において y に関して**偏微分可能**であるという．この極限を $f(x,y)$ の (a,b) における y に関する**偏微分係数**とよび，

$$f_y(a,b) \quad \text{または} \quad \frac{\partial f}{\partial y}(a,b)$$

で表す．$f(x,y)$ が領域 D のすべての点において y に関して偏微分可能であるとき，$f(x,y)$ は D において y に関して**偏微分可能**であるという．領域 D の各点 (a,b) に $f_y(a,b)$ を対応させることで，D で定義された関数が得られる．この関数を $f(x,y)$ の y に関する**偏導関数**とよび，

$$f_y(x,y) \quad \text{または} \quad \frac{\partial f}{\partial y}(x,y)$$

で表す．y に関する偏導関数を求めることを，y に関して**偏微分する**という．y に関する偏導関数を直接定義する式は

$$f_y(x,y) = \lim_{h \to 0} \frac{f(x,y+h) - f(x,y)}{h} \tag{6.4}$$

で与えられる．

x および y に関する偏微分係数の定義では，いずれも (x,y) が (a,b) に近づくときの極限を考えたが，その近づく方向が x に関する偏微分係数のときは横方向から，y に関する偏微分係数のときは縦方向からという具合に，1 次元的に制限されている．このことから，偏微分は本質的に 1 変数の微分と同じことになる．x に関する偏微分を行うには y を定数と見なして x のみの 1 変数関数として微分すればよく，y に関する偏微分を行うには x を定数と見な

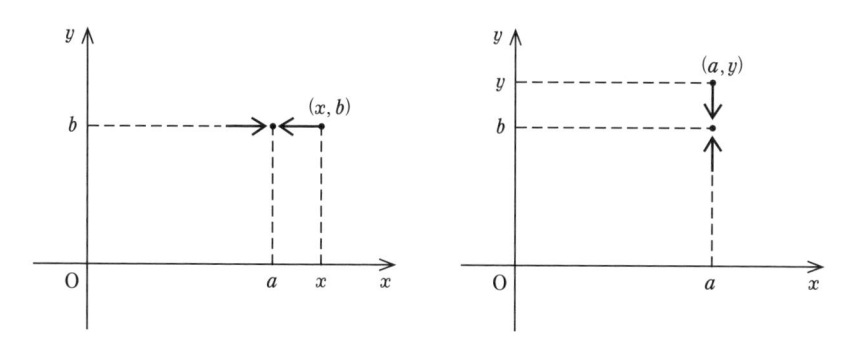

図 6.8

して y のみの 1 変数関数として微分すればよい．つまり，どの変数に関する偏微分であるかを見失いさえしなければ，偏微分の計算は 1 変数関数の微分の計算とまったく同様にできるのである．

例 6.2 $f(x,y) = x^3 + 2xy^2 + 3x + 4y$ を x および y に関して偏微分せよ．

解 x に関する偏微分を考えるときは y を定数と見なすので，$f(x,y)$ の第 2 項目の y^2 と第 4 項目の $4y$ を定数として扱うことになる．したがって

$$f_x(x,y) = 3x^2 + 2y^2 + 3$$

となる．y に関する偏微分も同様に考えると，

$$f_y(x,y) = 4xy + 4$$

となる． ∎

偏微分係数の図形的な意味を考えよう．$f(x,y)$ の (a,b) における x に関する偏微分係数を考えるときには，図 6.9 にあるように $f(x,y)$ を $y = b$ に制限したものを考えている．これは $f(x,y)$ のグラフでいうと，グラフの平面 $y = b$ による切り口を考えることに相当する．

平面 $y = b$ 上に現れたグラフの切り口は，1 変数関数 $z = f(x,b)$ のグラフになっており，その $x = a$ における接線の傾きが偏微分係数 $f_x(a,b)$ となることが分かる．

図 6.9

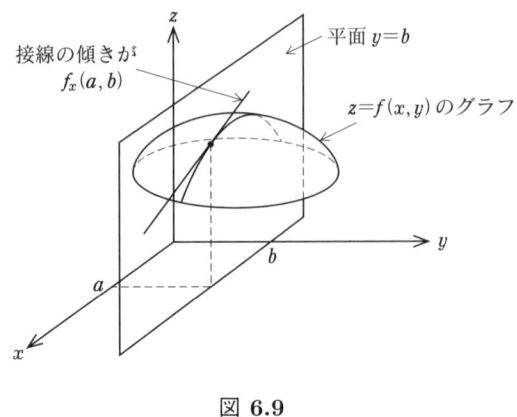

同様に，y に関する偏微分係数 $f_y(a,b)$ は，$f(x,y)$ のグラフのグラフの平面 $x=a$ による切り口に現れる 1 変数関数 $z=f(a,y)$ のグラフの，$y=b$ における接線の傾きを与えるのである．

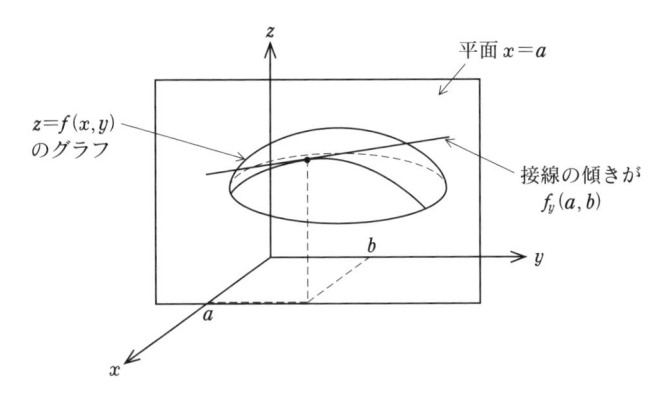

図 6.10

全微分

1 変数関数に対する微分可能性の定義は，第 3 章定義 3.2 のような言い換えをもっていた．すなわち $f(x)$ が $x=a$ で微分可能とは，x が a に近いときに $f(x)$ が 1 次式で近似できることであった．微分可能性のこのとらえ方は非常

に重要である．そこで 2 変数関数に対してこれの自然な拡張を考えると，偏微分とは異なる微分の定義に到達する．

定義 6.3 (全微分可能) $f(x,y)$ が (a,b) で**全微分可能**とは，実数 A, B が存在して，

$$f(x,y) = f(a,b) + A(x-a) + B(y-b) + \varepsilon(x,y;a,b) \qquad (6.5)$$

とおくとき

$$\lim_{(x,y)\to(a,b)} \frac{\varepsilon(x,y;a,b)}{\sqrt{(x-a)^2 + (y-b)^2}} = 0 \qquad (6.6)$$

が成り立つことである．$f(x,y)$ が領域 D のすべての点において全微分可能であるとき，$f(x,y)$ は D において**全微分可能**であるという．

(6.5) において $y = b$ とおくと $f(x,b) - f(a,b) = A(x-a) + \varepsilon(x,b;a,b)$ を得るが，両辺を $x - a$ で割って $x \to a$ という極限を考えると，(6.6) により

$$\frac{f(x,b) - f(a,b)}{x - a} = A + \frac{\varepsilon(x,b;a,b)}{x - a} \longrightarrow A$$

となる．これはすなわち，$f(x,y)$ は x に関して偏微分可能であり，(6.5) 式の A は $f_x(a,b)$ で与えられることを示している．同様にして $f(x,y)$ は y に関しても偏微分可能であり，(6.5) 式の B は $f_y(a,b)$ で与えられることが示される．さらに (6.5) で両辺の $(x,y) \to (a,b)$ の極限を考えると，$\lim_{(x,y)\to(a,b)} f(x,y) = f(a,b)$ を得る．これは $f(x,y)$ が (a,b) で連続なことを示している．こうして我々は次の定理を得た．

定理 6.3 全微分可能な関数は，各変数に関して偏微分可能であり，また連続でもある．

残念ながらこの定理の逆は言えない．つまり連続で各変数に関して偏微分可能な関数でも，必ずしも全微分可能とは限らないのである．しかしさらに条件を付け加えれば，全微分可能性を導くことができる．

定理 6.4 領域 D で $f(x,y)$ が x および y に関して偏微分可能で，偏導関

数 $f_x(x,y), f_y(x,y)$ が D 上連続ならば，$f(x,y)$ は D で全微分可能である．

　この定理の証明は，それぞれの定義を組み合わせることでただちにできるが，付録に回す．この定理の仮定を満たす関数を，C^1 級であるという．我々が通常扱う関数は，ほとんどすべて C^1 級である．

　微分可能性についていろいろな概念が現れたので，それらの関係を図にまとめておこう．

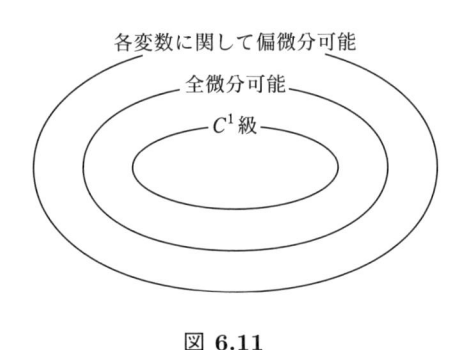

各変数に関して偏微分可能
全微分可能
C^1 級

図 6.11

合成関数の微分法

　偏微分は実質的に 1 変数関数の微分なので，多くの場合 1 変数関数の微分に関する公式がそのまま適用できる．たとえば $(f+g)_x = f_x + g_x$ などである．合成関数の微分法についても 1 変数の場合の公式を適用することですむ場合が多いが，ある形の合成関数については 2 変数特有の状況が現れるので，それについてここで説明することにしよう．

　(x,y) を変数とする 2 変数関数 $f(x,y)$ と，t を変数とする二つの 1 変数関数 $x(t), y(t)$ による合成関数

$$f(x(t), y(t))$$

を考える．この合成関数は t を変数とする 1 変数関数になる．

　定理 6.5 (合成関数の微分法)　$f(x,y)$ が全微分可能，$x(t), y(t)$ が微分可能のとき，合成関数 $f(x(t), y(t))$ は (t に関して) 微分可能となり，

$$\frac{d}{dt}f(x(t),y(t)) = f_x(x(t),y(t)) \cdot x'(t) + f_y(x(t),y(t)) \cdot y'(t) \tag{6.7}$$

が成り立つ．

$z = f(x(t), y(t))$ とおくとき，(6.7) は

$$\frac{dz}{dt} = \frac{\partial f}{\partial x} \cdot \frac{dx}{dt} + \frac{\partial f}{\partial y} \cdot \frac{dy}{dt}$$

とも書かれる．

証明 $g(t) = f(x(t), y(t))$ とおくとき，$\dfrac{g(t+h) - g(t)}{h}$ の $h \to 0$ における極限を計算すればよい．そこでまずこれの分子 $g(t+h) - g(t) = f(x(t+h), y(t+h)) - f(x(t), y(t))$ を考える．$x(t), y(t)$ が微分可能であることから，

$$x(t+h) = x(t) + x'(t)h + \varepsilon_1$$
$$y(t+h) = y(t) + y'(t)h + \varepsilon_2$$

と表すことができ，ここで

$$\lim_{h \to 0} \frac{\varepsilon_1}{h} = 0, \quad \lim_{h \to 0} \frac{\varepsilon_2}{h} = 0 \tag{6.8}$$

が成り立つ．次に $f(x,y)$ が全微分可能であることから，$x(t+h), y(t+h)$ に関する上の表示を用いると，

$$f(x(t+h), y(t+h))$$
$$= f(x(t) + x'(t)h + \varepsilon_1, y(t) + y'(t)h + \varepsilon_2)$$
$$= f(x(t), y(t)) + A(x'(t)h + \varepsilon_1) + B(y'(t)h + \varepsilon_2) + \varepsilon_3$$

となる．ここで先に注意したように

$$A = \frac{\partial f}{\partial x}(x(t), y(t)), \quad B = \frac{\partial f}{\partial y}(x(t), y(t))$$

であり，また ε_3 は，$\xi = x'(t)h + \varepsilon_1, \eta = y'(t)h + \varepsilon_2$ とおくときに，

$$\lim_{(\xi,\eta) \to (0,0)} \frac{\varepsilon_3}{\sqrt{\xi^2 + \eta^2}} = 0 \tag{6.9}$$

を満たすものである．すると，

$$f(x(t+h), y(t+h)) - f(x(t), y(t))$$
$$= \frac{\partial f}{\partial x}(x(t), y(t))x'(t)h + \frac{\partial f}{\partial y}(x(t), y(t))y'(t)h + \varepsilon \qquad (6.10)$$

となり，ここで

$$\varepsilon = \frac{\partial f}{\partial x}(x(t), y(t))\varepsilon_1 + \frac{\partial f}{\partial y}(x(t), y(t))\varepsilon_2 + \varepsilon_3$$

である．(6.10) の両辺を h で割って $h \to 0$ の極限を考える．そのとき

$$\frac{\varepsilon}{h} = \frac{\partial f}{\partial x}(x(t), y(t))\frac{\varepsilon_1}{h} + \frac{\partial f}{\partial y}(x(t), y(t))\frac{\varepsilon_2}{h} + \frac{\varepsilon_3}{h}$$

となるが，(6.8) により右辺の始めの 2 項は 0 に収束することが分かる．第 3 項は

$$\frac{\varepsilon_3}{h} = \frac{\varepsilon_3}{\sqrt{\xi^2+\eta^2}} \cdot \frac{\sqrt{\xi^2+\eta^2}}{h}$$
$$= \frac{\varepsilon_3}{\sqrt{\xi^2+\eta^2}} \cdot \frac{|h|\sqrt{\left(x'(t)+\frac{\varepsilon_1}{h}\right)^2 + \left(y'(t)+\frac{\varepsilon_2}{h}\right)^2}}{h}$$

と書き換えると，(6.8), (6.9) によりやはり 0 に収束することが分かる．以上により

$$\lim_{h \to 0} \frac{f(x(t+h), y(t+h)) - f(x(t), y(t))}{h}$$
$$= \frac{\partial f}{\partial x}(x(t), y(t))\,x'(t) + \frac{\partial f}{\partial y}(x(t), y(t))\,y'(t)$$

が示された．∎

2 変数関数を用いて作られる合成関数にはいろいろな種類があるが，その微分は 1 変数関数の場合の合成関数の微分法 (第 3 章，定理 3.3) と定理 6.5 を適用することですべて計算できる．結果だけをまとめておこう．$f(x,y)$ は (x,y) の 2 変数関数，$g(x)$ は x の 1 変数関数，$x(s,t), y(s,t)$ はともに (s,t) の 2 変数関数とする．

$$\begin{cases} \dfrac{\partial}{\partial s} g(x(s,t)) = g'(x(s,t))\, x_s(s,t) \\ \dfrac{\partial}{\partial t} g(x(s,t)) = g'(x(s,t))\, x_t(s,t) \end{cases} \tag{6.11}$$

$$\begin{cases} \dfrac{\partial}{\partial s} f(x(s,t),\, y(s,t)) \\ \quad = f_x(x(s,t),\, y(s,t))\, x_s(s,t) + f_y(x(s,t),\, y(s,t))\, y_s(s,t) \\ \dfrac{\partial}{\partial t} f(x(s,t),\, y(s,t)) \\ \quad = f_x(x(s,t),\, y(s,t))\, x_t(s,t) + f_y(x(s,t),\, y(s,t))\, y_t(s,t) \end{cases} \tag{6.12}$$

なお，合成関数 $f(x(s,t),\, y(s,t))$ を考えていることが了解されているときには，(6.12) を

$$\begin{cases} \dfrac{\partial f}{\partial s} = \dfrac{\partial f}{\partial x} \cdot \dfrac{\partial x}{\partial s} + \dfrac{\partial f}{\partial y} \cdot \dfrac{\partial y}{\partial s} \\ \dfrac{\partial f}{\partial t} = \dfrac{\partial f}{\partial x} \cdot \dfrac{\partial x}{\partial t} + \dfrac{\partial f}{\partial y} \cdot \dfrac{\partial y}{\partial t} \end{cases} \tag{6.13}$$

のように表すこともある．

6.4 接平面

1 変数関数の挙動はそのグラフが表しており，グラフの形状は各点における接線を見ることで調べられる．同じように 2 変数関数の場合にも，その挙動はグラフとなる xyz-空間内の曲面が表しており，その形状を調べるには曲面の各点における接平面を見ればよい．ここでは 2 変数関数のグラフの接平面の求め方を考えていこう．

$f(x,y)$ は領域 D 上で全微分可能な関数とし，$(a,b) \in D$ とする．$f(x,y)$ のグラフ $S = \{(x,y,z) \mid z = f(x,y),\, (x,y) \in D\}$ の点 P$= (a, b, f(a,b))$ における接平面 L を求めたい．

L は xyz-空間内の平面となるが，その満たすべき条件は次の二つである．

(a) P を通る．
(b) S 上の P を通る曲線の P における接線を含んでいる．

これらの条件を満たす平面として L を求めていこう．

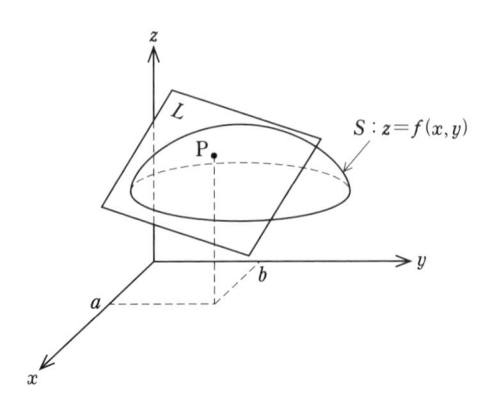

図 **6.12**

まず条件 (b) を考える．S 上の曲線を用意するため，xy-平面内に (a,b) を通る任意の曲線 C をもってくる．C は媒介変数 t による表示をもっているとしよう．すなわち

$$C : x = x(t),\ y = y(t), \quad t \in [-1, 1]$$

となっているとする．ここで $x(t), y(t)$ は微分可能であるとしておく．また C が (a,b) を通るので，$(x(0), y(0)) = (a,b)$ と仮定しておこう．

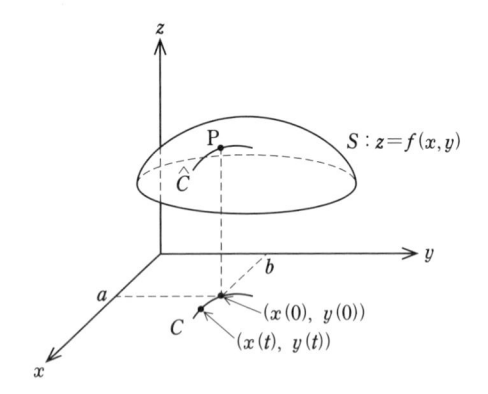

図 **6.13**

C を S 上にもち上げた曲線を $\hat{C}$ とする．つまり $\hat{C}$ は S 上の曲線で，その

xy-平面への射影が C となるようなものである．$\hat{C}$ の作り方は簡単で，次の媒介変数表示で与えればよい．

$$\hat{C}: x = x(t),\ y = y(t),\ z = f(x(t), y(t)),\quad t \in [-1, 1]$$

$\hat{C}$ は $t=0$ において P を通ることに注意しておく．

$\hat{C}$ の P における接線を考えよう．そのため $\hat{C}$ 上 P の近くに点 P′ をとる．P′ の座標を $(x(t), y(t), f(x(t), y(t)))$ とすると，ベクトル $\overrightarrow{\mathrm{PP'}}$ は

$$\overrightarrow{\mathrm{PP'}} = \bigl(x(t) - x(0),\ y(t) - y(0),\ f(x(t), y(t)) - f(x(0), y(0))\bigr)$$

で与えられる．

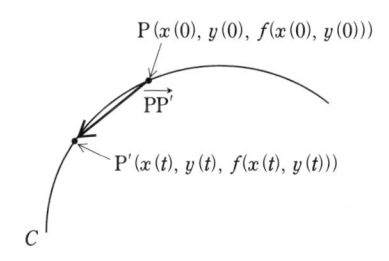

図 **6.14**

接線ベクトルを得るには，$t \to 0$ とし P を P′ に限りなく近づけなくてはならないが，このまま $t \to 0$ とすれば $\overrightarrow{\mathrm{PP'}}$ は明らかに 0 ベクトルになってしまう．今必要なのは接線ベクトルの方向であり長さは関係しないので，$\overrightarrow{\mathrm{PP'}}$ を適当に定数倍したベクトルを考えて，その $t \to 0$ における極限が有限の 0 でないベクトルに収束するようにしてやればよい．たとえば $\overrightarrow{\mathrm{PP'}}$ を $\dfrac{1}{t}$ 倍したベクトルを考えてみると，

$$\frac{1}{t}\overrightarrow{\mathrm{PP'}} = \left(\frac{x(t) - x(0)}{t},\ \frac{y(t) - y(0)}{t},\ \frac{f(x(t), y(t)) - f(x(0), y(0))}{t}\right)$$

となり，各成分の $t \to 0$ における極限はそれぞれ $x(t)$, $y(t)$ および $f(x(t), y(t))$ の $t=0$ における微分係数に収束する．ここで $f(x(t), y(t))$ の $t=0$ における微分係数は，合成関数の微分法 (定理 6.5) により計算される．こうして $\hat{C}$

の P における接線の方向ベクトル

$$\vec{v} = \bigl(x'(0),\, y'(0),\, f_x(a,b)\,x'(0) + f_y(a,b)\,y'(0)\bigr) \tag{6.14}$$

が得られた．なおベクトル $(x'(0), y'(0))$ は曲線 C の (a,b) における接線の方向ベクトルとなっているので，これは C をいろいろ取り替えることによりどんなベクトルにもなり得ることを注意しておく．

さてここで，xyz-空間内の平面の方程式はどのように与えられるかを考えよう．平面を特定する方法はいろいろあるが，平面上にある 1 点と，平面に直交するベクトル (**法ベクトル**という) を与えることで平面を特定することができる．平面上の点を (a,b,c)，平面の法ベクトルを (l,m,n) とするとき，この平面の方程式は

$$l(x-a) + m(y-b) + n(z-c) = 0 \tag{6.15}$$

で与えられる．なぜなら，(x,y,z) を平面上の点とすると，(a,b,c) も平面上にあるので，(a,b,c) を始点，(x,y,z) を終点とするベクトル $(x-a, y-b, z-c)$ は平面内に含まれる．したがってそのベクトルは平面の法ベクトル (l,m,n) と直交することになり，その直交条件 (内積が 0 になるという条件) を書いたのが方程式 (6.15) となるからである．

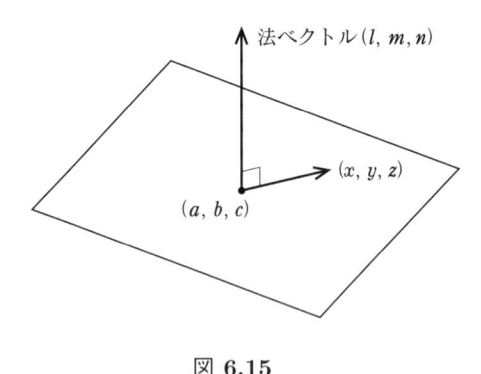

図 **6.15**

接平面 L を求めようとしていたが，その条件 (a) により L 上の 1 点は与えられていたので，あとは L の法ベクトルを求めればよいことになる．条件 (b) により $\hat{C}$ の接線は L に乗っているので，その方向ベクトルとして求めた

(6.14) の $\vec{v}$ は, L の法ベクトルと直交することになる. 逆にいえば, L の法ベクトルは, (6.14) の形のベクトル $\vec{v}$ と直交するものとして得られるのである. ここで $(x'(0), y'(0))$ の値は任意にとれることを思い出すと, $(x'(0), y'(0))$ の値に関わらずつねに $\vec{v}$ と直交するベクトルとして

$$(f_x(a,b), f_y(a,b), -1)$$

がとれることが分かる. 以上により接平面 L が求められた.

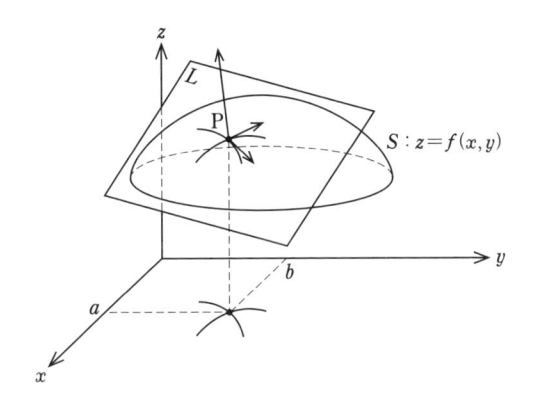

図 6.16

定理 6.6 (接平面)　$z = f(x,y)$ のグラフの $(a, b, f(a,b))$ における接平面の方程式は,

$$f_x(a,b)(x-a) + f_y(a,b)(y-b) = z - f(a,b) \tag{6.16}$$

で与えられる. $(f_x(a,b), f_y(a,b), -1)$ がこの接平面の法ベクトルとなる.

6.5　高階偏導関数と Taylor の定理

$f(x,y)$ の偏導関数 $f_x(x,y), f_y(x,y)$ がさらに x,y で偏微分可能のとき, それらの偏導関数

$$\frac{\partial}{\partial x} f_x(x,y) = \frac{\partial^2 f}{\partial x^2}(x,y), \quad \frac{\partial}{\partial y} f_x(x,y) = \frac{\partial^2 f}{\partial y \partial x}(x,y)$$

$$\frac{\partial}{\partial x}f_y(x,y) = \frac{\partial^2 f}{\partial x \partial y}(x,y), \quad \frac{\partial}{\partial y}f_y(x,y) = \frac{\partial^2 f}{\partial y^2}(x,y)$$

を考えることができる．これらを $f(x,y)$ の 2 階偏導関数という．これらをさらに偏微分していくことで，$f(x,y)$ の高階偏導関数が考えられる．偏微分には x に関する偏微分と y に関する偏微分とがあるので，1 階偏導関数は 2 種類，2 階偏導関数は 4 種類，一般に n 階偏導関数は 2^n 種類あることになる．

さて，$f(x,y)$ の n 階偏導関数がすべて連続であるとき，$f(x,y)$ は C^n 級であるといわれる．次の定理が成り立つ．

定理 6.7（微分の順序交換） C^2 級の関数 $f(x,y)$ については

$$\frac{\partial^2 f}{\partial y \partial x}(x,y) = \frac{\partial^2 f}{\partial x \partial y}(x,y) \tag{6.17}$$

が成り立つ．

つまり x で 1 回，y で 1 回偏微分するとき，どちらで先に偏微分しても同じ偏導関数が得られるということである．証明は本書では行わない．

同様のことが高階偏導関数についても成り立つ．すなわち C^n 級の関数については，その n 階偏導関数は x に関する偏微分と y に関する偏微分をどのような順序で行って得られたかにはよらず，x に関してつごう何回偏微分し y に関してつごう何回偏微分したかという回数のみによって決まるのである．したがって，$k+l=n$ とし，x で k 回，y で l 回偏微分して得られた偏導関数を $\frac{\partial^n f}{\partial x^k \partial y^l}$ と表すと，C^n 級の関数の n 階偏導関数は

$$\frac{\partial^n f}{\partial x^n},\ \frac{\partial^n f}{\partial x^{n-1}\partial y},\ \frac{\partial^n f}{\partial x^{n-2}\partial y^2},\ \ldots,\ \frac{\partial^n f}{\partial x \partial y^{n-1}},\ \frac{\partial^n f}{\partial y^n}$$

の $n+1$ 種類に限られるのである．なお 2 階偏導関数 $\frac{\partial^2 f}{\partial x^2}(x,y)$, $\frac{\partial^2 f}{\partial x \partial y}(x,y)$, $\frac{\partial^2 f}{\partial y \partial x}(x,y)$, $\frac{\partial^2 f}{\partial y^2}(x,y)$ をそれぞれ表すのに，

$$f_{xx}(x,y),\ f_{yx}(x,y),\ f_{xy}(x,y),\ f_{yy}(x,y)$$

という記号もしばしば用いられる．

例 6.3 $f(x,y) = 3x^3y^2 + 2xy^3 + 5xy + y^2 + 2x$ について, $\dfrac{\partial^2 f}{\partial y \partial x}, \dfrac{\partial^2 f}{\partial x \partial y}$ を計算してみる．まず 1 階偏導関数を求めると，

$$f_x(x,y) = 9x^2y^2 + 2y^3 + 5y + 2$$
$$f_y(x,y) = 6x^3y + 6xy^2 + 5x + 2y$$

となる．これより，

$$\begin{aligned}\frac{\partial^2 f}{\partial y \partial x} &= \frac{\partial}{\partial y} f_x(x,y) \\ &= \frac{\partial}{\partial y}(9x^2y^2 + 2y^3 + 5y + 2) \\ &= 18x^2y + 6y^2 + 5 \\ \frac{\partial^2 f}{\partial x \partial y} &= \frac{\partial}{\partial x} f_y(x,y) \\ &= \frac{\partial}{\partial x}(6x^3y + 6xy^2 + 5x + 2y) \\ &= 18x^2y + 6y^2 + 5\end{aligned}$$

となり，(6.17) が確かめられた． ∎

1 変数関数に対する Taylor の定理は，関数を多項式で近似することを可能にする有用な定理であった．2 変数関数に対しても同様の定理が成り立ち，関数を 2 変数の多項式で近似する方法を与える．

定理 6.8 (Taylor の定理) 関数 $f(x,y)$ が点 (a,b) の ε 近傍 D で C^n 級であるとする．このとき D の任意の点 (x,y) に対して，

$$f(x,y) = \sum_{m=0}^{n-1} \sum_{k+l=m} \frac{1}{k!\,l!} \frac{\partial^m f}{\partial x^k \partial y^l}(a,b) \cdot (x-a)^k (y-b)^l$$
$$+ R_n((x,y),(a,b)) \tag{6.18}$$
$$R_n((x,y),(a,b)) = \sum_{k+l=n} \frac{1}{k!\,l!} \frac{\partial^n f}{\partial x^k \partial y^l}(\xi,\eta) \cdot (x-a)^k (y-b)^l \tag{6.19}$$

が成り立つ．ここで (ξ,η) は (a,b) と (x,y) を結ぶ線分上の点である．

(6.18) は複雑な式に見えるので，証明の前にこの式の意味を説明しておこう．(x,y) が (a,b) に限りなく近づくということを，(x,y) と (a,b) の距離 $r = \sqrt{(x-a)^2 + (y-b)^2}$ が限りなく 0 に近づくということで定義した．ところでこのとき，ある実数 θ により，$x - a = r\cos\theta$, $y - b = r\sin\theta$ と表すことができる．この表現を用いると，(6.18) の右辺の和において m に対応する項は

$$\sum_{k+l=m} \frac{1}{k!l!} \frac{\partial^m f}{\partial x^k \partial y^l}(a,b) \cdot (x-a)^k (y-b)^l$$
$$= \sum_{k+l=m} \frac{1}{k!l!} \frac{\partial^m f}{\partial x^k \partial y^l}(a,b) \cdot (r\cos\theta)^k (r\sin\theta)^l$$
$$= r^m \sum_{k+l=m} \frac{1}{k!l!} \frac{\partial^m f}{\partial x^k \partial y^l}(a,b) \cdot \cos^k\theta \sin^l\theta$$

と書ける．これはすなわち $r \to 0$ のとき r^m の速さで 0 に収束する項を表すのである．したがって (6.18) は，関数 $f(x,y)$ の，r^m $(0 \leqq m \leqq n-1)$ の速さで 0 に収束する項たちからなる多項式による近似式を与え，(6.19) はそのとき誤差が r^n の速さで 0 に収束する，ということを表しているのである．

証明 $z(t) = f(a + (x-a)t, b + (y-b)t)$ とおくと，$z(0) = f(a,b)$, $z(1) = f(x,y)$ である．1 変数関数 $z(t)$ に対して $t = 0$ における Taylor の定理 (定理 3.9) を適用すると，

$$z(t) = z(0) + \frac{z'(0)}{1!}t + \cdots + \frac{z^{(n-1)}(0)}{(n-1)!}t^{n-1} + \frac{z^{(n)}(\tau)}{n!}t^n \qquad (6.20)$$

となる．ここで $0 < \tau < 1$. 合成関数 $z(t)$ の高階導関数を計算すると，$\dfrac{z^{(m)}(0)}{m!}$ が (6.18) の右辺の m に対応する項となることが分かる[1]．よって (6.20) に $t = 1$ を代入することで (6.18), (6.19) を得る． ∎

$f(x,y)$ が C^∞ 級 (何回でも偏微分可能) で，(6.19) の $R_n((x,y),(a,b))$ がすべての (x,y) について $n \to \infty$ のとき 0 に収束するならば，$f(x,y)$ を 2 変数のベキ級数で表す Taylor 展開が得られる．

---

[1] 詳しい計算は付録を参照のこと．

$$f(x,y) = \sum_{n=0}^{\infty} \sum_{k+l=n} \frac{1}{k!l!} \frac{\partial^n f}{\partial x^k \partial y^l}(a,b) \cdot (x-a)^k (y-b)^l \tag{6.21}$$

(6.21) を $f(x,y)$ の (a,b) における **Taylor** 展開という．

6.6　陰関数

　関数 $y=f(x)$ を与えるとき，ふつうは $f(x)$ 自身を直接与えるが，x と y の関係式 $F(x,y)=0$ を y について解いたもの，という形で与えることもよくある．たとえば円を表す方程式 $x^2+y^2=R^2$ は，これを y について解いた $y=\sqrt{R^2-x^2}$ あるいは $y=-\sqrt{R^2-x^2}$ という関数を与えている式とみることができる．このように間接的に与えられる関数を**陰関数**という．

　今の例のように，陰関数はそれを与える関係式 $F(x,y)=0$ から一意的に決まるとは限らない．いくつもあり得る陰関数のうちから一つを選ぶには，ある点における値を指定することがよく行われる．$x^2+y^2=R^2$ の場合でいえば，$x=0$ において $y=R$ となるという指定をすると，$y=\sqrt{R^2-x^2}$ の方が選ばれるであろう．

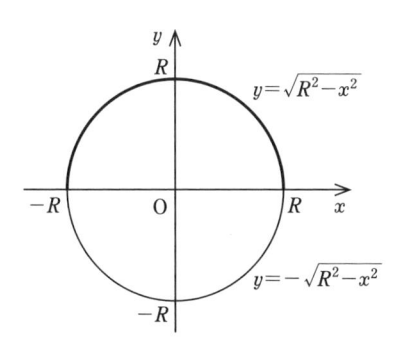

図 **6.17**

　また陰関数の微分は，$F(x,y)=0$ を y について解いた形が具体的に分からなくても，$F(x,y)$ を用いて表すことができる．以上の内容を述べたものが，次の陰関数の定理である．

定理 6.9 (陰関数の定理)　$F(x,y)$ は領域 D において C^1 級であるとし，D の点 (a,b) において
$$F(a,b) = 0, \quad F_y(a,b) \neq 0$$
が成り立っているとする．このとき a を含むある区間 (α, β) において
$$\begin{cases} F(x, y(x)) = 0 \\ y(a) = b \end{cases} \tag{6.22}$$
を満たす連続関数 $y(x)$ がただ一つ定まる．この $y(x)$ は微分可能となり，その導関数は
$$y'(x) = -\frac{F_x(x, y(x))}{F_y(x, y(x))} \tag{6.23}$$
で与えられる．

この定理の証明は多少複雑なので本書では行わない．ただ (6.23) は (6.22) から容易に導かれるので，それだけを示しておこう．(6.22) の $F(x, y(x)) = 0$ の両辺を x で微分すると，合成関数の微分法 (定理 6.5) を用いて
$$F_x(x, y(x)) + F_y(x, y(x))y'(x) = 0$$
となるので，これを $y'(x)$ について解けばよい．なおその際，$F_y(a,b) \neq 0$ という仮定と $F_y(x,y)$ が連続であることより，(a,b) のある近傍で $F_y(x,y) \neq 0$ が成り立つことに注意をすればよい．

例 6.4　$y^2 = x^3 + x^2$ で与えられる曲線の，$(1, \sqrt{2})$ における接線の方程式を求めよ．

解　$y(x)^2 - x^3 - x^2 = 0$, $y(1) = \sqrt{2}$ で定まる陰関数を考えることになる．(6.23) に当てはめてもよいが，この定義式を x で微分することにより，
$$2y(x)y'(x) - 3x^2 - 2x = 0$$
これに $x = 1$, $y(1) = \sqrt{2}$ を代入することで，$y'(1) = \dfrac{5}{2\sqrt{2}}$ を得る．したがっ

て求める接線の方程式は

$$y - \sqrt{2} = \frac{5}{2\sqrt{2}}(x-1)$$

となる. ∎

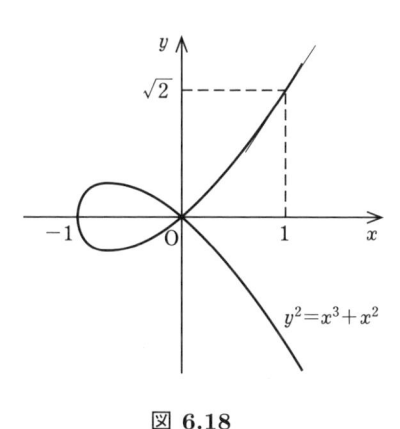

図 **6.18**

変数変換

第 5 章の例にあったように，何らかの自然現象を記述するのに 2 変数関数 $f(x,y)$ が現れたとする．ここで変数 (x,y) は，時刻なり位置なりを数値で表すために人為的に設定した座標の変数である．この変数が運動方程式を導き出すときには便利な変数であったとしても，導き出された運動方程式を解くときには別の変数の方が都合がよくなる，ということはしばしば起きる．そこで変数を (x,y) から別の変数 (s,t) に取り替えたとき，微分はどう変わるのかということを調べておく必要がある．

$x(s,t), y(s,t)$ を st-平面の領域 Ω で定義された二つの関数とする．

$$\begin{cases} x = x(s,t) \\ y = y(s,t) \end{cases} \tag{6.24}$$

により Ω から xy-平面への対応 (写像) が得られるが，この対応が $1:1$ になっていれば，(x,y) の代わりに (s,t) を新しい変数にとることができる．

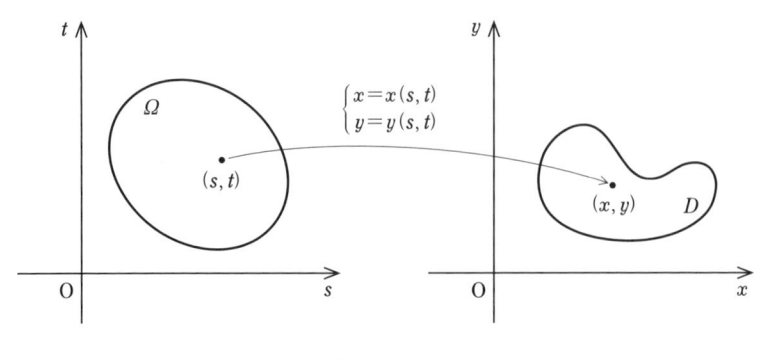

図 6.19

具体的にいうと，2変数関数 $f(x,y)$ に対し，合成関数 $f(x(s,t), y(s,t))$ を考え，これを新変数 (s,t) の関数と見るということである．このことを (x,y) から (s,t) への変数変換という．

(s,t) と (x,y) の対応が $1:1$ になるための条件として，次の定理がある．

定理 6.10 $x(s,t), y(s,t)$ は st-平面の領域 Ω で C^1 級であるとする．行列式

$$\begin{vmatrix} \dfrac{\partial x}{\partial s}(s,t) & \dfrac{\partial x}{\partial t}(s,t) \\ \dfrac{\partial y}{\partial s}(s,t) & \dfrac{\partial y}{\partial t}(s,t) \end{vmatrix} \tag{6.25}$$

の $(s,t) = (s_0, t_0)$ における値が 0 と異なるとき，対応 (6.24) は (s_0, t_0) を含むある領域において $1:1$ となる．

(6.25) の行列式を $\dfrac{\partial(x,y)}{\partial(s,t)}(s,t)$ で表し，対応 (6.24) の**ヤコビアン**とよぶ．定理の証明は本書では与えないが，次のことに注意しておこう．この定理を証明するには，(6.24) を逆に解いて，与えた (x,y) に対して (6.24) を満たす (s,t) がただ一つに定まること，言い換えれば (s,t) が (x,y) を変数とする関数として定まることを示せばよい．すなわち

$$\begin{cases} x(s(x,y), t(x,y)) = x \\ y(s(x,y), t(x,y)) = y \end{cases} \quad (6.26)$$

を満たす関数 $s(x,y), t(x,y)$ の存在をいうことになるが，(6.26) は陰関数 $s(x,y), t(x,y)$ を定める関係式と見ることができ，陰関数定理 (定理 6.9) そのものではないが，それを自然に拡張した定理に帰着することになる．(定理 6.9 における条件 $F_y(a,b) \neq 0$ に相当するのが，今の場合はヤコビアンに対する条件 $\dfrac{\partial(x,y)}{\partial(s,t)}(s_0, t_0) \neq 0$ となる．)

 (x,y) から (s,t) への変数変換により，偏微分がどのように対応するかを考える．じつは合成関数の微分法のときに与えた関係式 (6.13) がその関係を与えている．すなわち関数 f を旧変数 (x,y) で偏微分したときの偏導関数 $\dfrac{\partial f}{\partial x}, \dfrac{\partial f}{\partial y}$ と新変数 (s,t) で偏微分したときの偏導関数 $\dfrac{\partial f}{\partial s}, \dfrac{\partial f}{\partial t}$ の関係を与えるのが (6.13) 式である．応用上は，旧変数 (x,y) に関する偏微分で書かれた方程式を，新変数 (s,t) に関する偏微分で書かれた方程式に書き換えることが多いので，(6.13) とは逆に，$\dfrac{\partial f}{\partial x}, \dfrac{\partial f}{\partial y}$ を $\dfrac{\partial f}{\partial s}, \dfrac{\partial f}{\partial t}$ で表した式が必要になる．(6.13) を行列を用いて書くと，

$$\begin{pmatrix} \dfrac{\partial f}{\partial s} & \dfrac{\partial f}{\partial t} \end{pmatrix} = \begin{pmatrix} \dfrac{\partial f}{\partial x} & \dfrac{\partial f}{\partial y} \end{pmatrix} \begin{pmatrix} \dfrac{\partial x}{\partial s} & \dfrac{\partial x}{\partial t} \\ \dfrac{\partial y}{\partial s} & \dfrac{\partial y}{\partial t} \end{pmatrix}$$

となる．ヤコビアンが 0 と異なるとき右辺の行列は逆行列をもつので，

$$\begin{pmatrix} \dfrac{\partial f}{\partial x} & \dfrac{\partial f}{\partial y} \end{pmatrix} = \begin{pmatrix} \dfrac{\partial f}{\partial s} & \dfrac{\partial f}{\partial t} \end{pmatrix} \begin{pmatrix} \dfrac{\partial x}{\partial s} & \dfrac{\partial x}{\partial t} \\ \dfrac{\partial y}{\partial s} & \dfrac{\partial y}{\partial t} \end{pmatrix}^{-1} \quad (6.27)$$

となる．このようにして，旧変数に関する偏微分を新変数に関する偏微分で表すことができた．

 変数変換の例として，もっともよく用いられる極座標変換を考えよう．極座

標変換は

$$\begin{cases} x = r\cos\theta \\ y = r\sin\theta \end{cases} \tag{6.28}$$

により，変数 (x,y) を新しい変数 (r,θ) に変換するものであった（(4.26) を参照）．この変換のヤコビアンを計算しておくと，

$$\begin{aligned}\frac{\partial(x,y)}{\partial(r,\theta)} &= \begin{vmatrix} \dfrac{\partial}{\partial r}(r\cos\theta) & \dfrac{\partial}{\partial \theta}(r\cos\theta) \\ \dfrac{\partial}{\partial r}(r\sin\theta) & \dfrac{\partial}{\partial \theta}(r\sin\theta) \end{vmatrix} \\ &= \begin{vmatrix} \cos\theta & -r\sin\theta \\ \sin\theta & r\cos\theta \end{vmatrix} = r \end{aligned} \tag{6.29}$$

となる．したがってこの場合 (6.27) は，

$$\begin{pmatrix} \dfrac{\partial f}{\partial x} & \dfrac{\partial f}{\partial y} \end{pmatrix} = \begin{pmatrix} \dfrac{\partial f}{\partial r} & \dfrac{\partial f}{\partial \theta} \end{pmatrix} \frac{1}{r} \begin{pmatrix} r\cos\theta & r\sin\theta \\ -\sin\theta & \cos\theta \end{pmatrix}$$

となる．すなわち

$$\begin{cases} \dfrac{\partial f}{\partial x} = \dfrac{\partial f}{\partial r}\cos\theta - \dfrac{\partial f}{\partial \theta}\dfrac{\sin\theta}{r} \\ \dfrac{\partial f}{\partial y} = \dfrac{\partial f}{\partial r}\sin\theta + \dfrac{\partial f}{\partial \theta}\dfrac{\cos\theta}{r} \end{cases} \tag{6.30}$$

となるのである．

例 6.5 微分方程式 $y\dfrac{\partial f}{\partial x} - x\dfrac{\partial f}{\partial y} = 0$ の解 $f(x,y)$ は，原点からの距離 $\sqrt{x^2+y^2}$ のみによる関数となることを示せ．

解 極座標変換を考えると，(6.28), (6.30) によりこの微分方程式は次のように書き換えられる．

$$\begin{aligned} 0 &= r\sin\theta\left(\frac{\partial f}{\partial r}\cos\theta - \frac{\partial f}{\partial \theta}\frac{\sin\theta}{r}\right) - r\cos\theta\left(\frac{\partial f}{\partial r}\sin\theta + \frac{\partial f}{\partial \theta}\frac{\cos\theta}{r}\right) \\ &= \frac{\partial f}{\partial r}(r\sin\theta\cos\theta - r\cos\theta\sin\theta) + \frac{\partial f}{\partial \theta}(-\sin^2\theta - \cos^2\theta) \end{aligned}$$

$$= -\frac{\partial f}{\partial \theta}$$

すなわち $\frac{\partial f}{\partial \theta} = 0$ となり,f は θ によらず $r = \sqrt{x^2 + y^2}$ のみの関数となることが分かった. ∎

問 6.1 微分方程式 $x\frac{\partial f}{\partial x} + y\frac{\partial f}{\partial y} = 0$ の解 $f(x,y)$ はどのような特徴をもつか.

問 6.2 微分方程式 $\frac{\partial^2 f}{\partial x^2} + \frac{\partial^2 f}{\partial y^2} = 0$ を極座標 (r, θ) を用いて書き換えよ.

6.7 極値問題・最大最小問題

関数 $f(x,y)$ が,(a,b) のある $\varepsilon > 0$ に対する ε 近傍において (a,b) 以外のすべての (x,y) に対して

$$f(x,y) < f(a,b)$$

を満たすとき,$f(x,y)$ は (a,b) で**極大**であるといい,$f(a,b)$ を**極大値**という.また (a,b) 以外のすべての (x,y) に対して

$$f(x,y) > f(a,b)$$

を満たすとき,$f(x,y)$ は (a,b) で**極小**であるといい,$f(a,b)$ を**極小値**という.極大値と極小値を合わせて**極値**という.

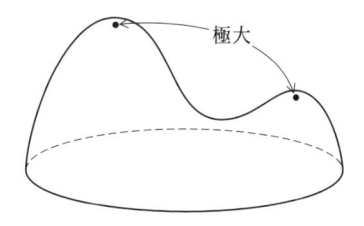

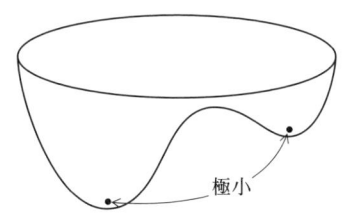

図 6.20

極大値 (極小値) はそれを与える点のまわりで一番大きな (小さな) 値とい

うことだから，最大値 (最小値) に一致することもあるし，そうでないこともある．

1 変数関数の場合，極値を与える点においてはグラフの接線が水平となり，それは微分係数が 0 ということであった．同様のことを 2 変数関数に対して考えよう．

$f(x,y)$ の極値を与える点においては，グラフの接平面が水平となることが分かる．空間内の平面が水平であるということは，その法ベクトルが垂直方向を向いているということで，したがって法ベクトルは $(0,0,n)$ の形をしている．

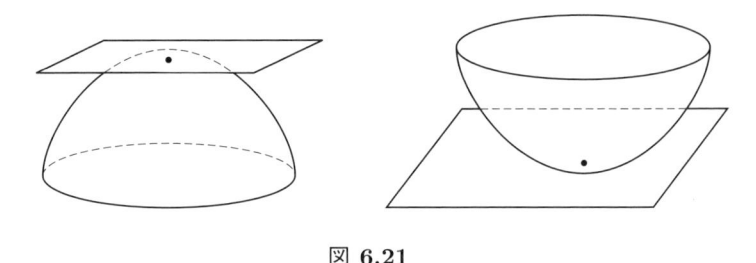

図 6.21

一方定理 6.6 より，$f(x,y)$ の (a,b) における法ベクトルは $(f_x(a,b), f_y(a,b), -1)$ で与えられるのであった．以上を組み合わせて，次の定理を得る．

定理 6.11 領域 D で全微分可能な関数 $f(x,y)$ が点 $(a,b) \in D$ で極値をとるならば，
$$f_x(a,b) = f_y(a,b) = 0 \tag{6.31}$$
が成り立つ．

この定理の逆の主張は成り立たない．つまり $f_x(a,b) = f_y(a,b) = 0$ であっても，$f(x,y)$ が (a,b) で極値をとるとは限らない．1 変数関数の場合にも，$f(x) = x^3$ における $x = 0$ のように，$f'(0) = 0$ であってもそこで極値を与えない例があり，同様のことが 2 変数関数の場合にも起こり得る．たとえば $f(x,y) = x^3, (a,b) = (0,0)$ の場合を考えてみるとよい (図 6.22)．

さらに 2 変数関数の場合には，1 変数関数では現れなかった新しい状況も現

図 6.22

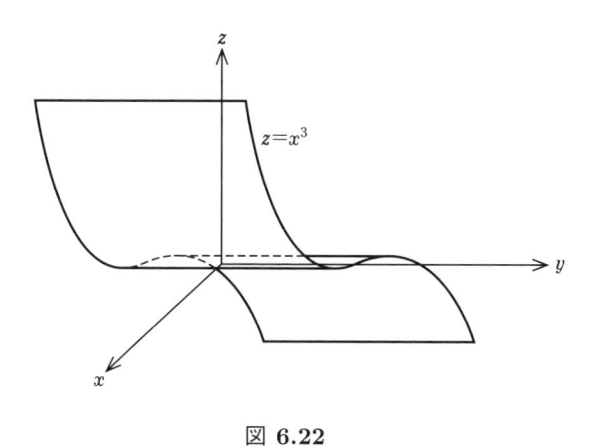

れる．二つの山が並んでいて，その向こう側へ行こうとするとき，二つの山の間の一番低いところを越えようとするであろう．

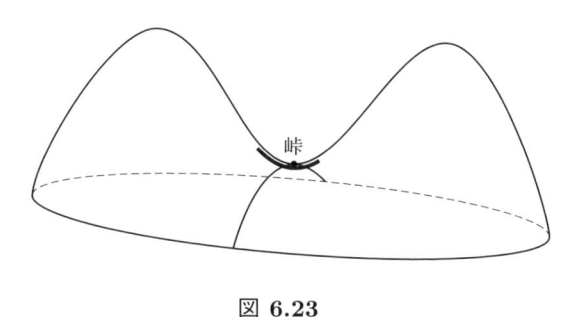

図 6.23

そのルートの頂上は峠とよばれるが，それはルートの中の最高点であると同時に，あらゆるルートの頂上の中ではもっとも低い点となっている．このようにある点において，一つの方向にとっては極大で，別な方向にとっては極小になるということが同時に起こることがあるのである．この状況を具体的な関数で表現してみよう．$f(x,y) = x^2 - y^2$ とすると，$f_x = 2x$, $f_y = -2y$ より $f_x(0,0) = f_y(0,0) = 0$ である．よって $(0,0)$ における接平面は水平であるが，しかし $f(x,y)$ のグラフを見てみると，$f(x,y)$ は $(0,0)$ で極大でも極小でもない．

図 6.24

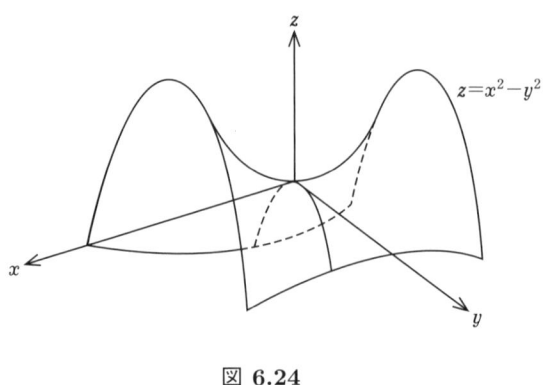

$f(x,y)$ は点 $(0,0)$ において，y 軸の方向には極大，x 軸の方向には極小となっているのである．このような点を峠とよんでもよいのだが，数学では，馬の鞍に見立てて**鞍点**とよぶ．

1 変数関数の場合，微分係数が 0 となる点が極大を与えるか極小を与えるかを判別するのに，2 階微分係数が用いられた．すなわち，$f(x)$ において $f'(a) = 0$ とするとき，$f''(a) < 0$ なら極大，$f''(a) > 0$ なら極小となるのであった．その理由は，$f''(a) < 0$ とすると，$f'(x)$ は $x = a$ において減少しているので，$f'(a) = 0$ を勘案すると $x < a$ では $f'(x) > 0$，$x > a$ では $f'(x) < 0$ ということになる．つまり接線の傾きが $x = a$ を境に右上がりから右下がりに転じ

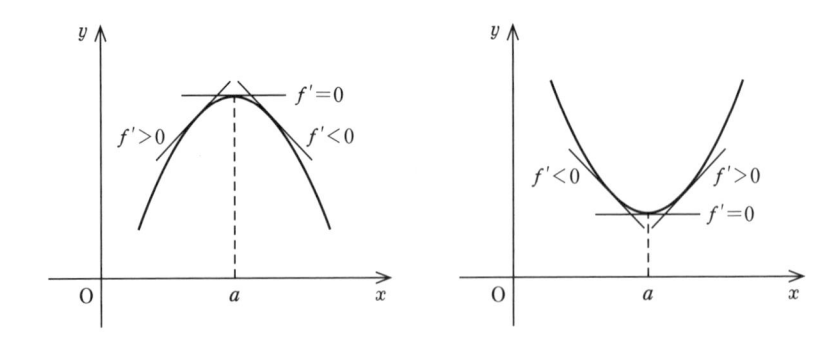

図 6.25

るということになり，これは $f(x)$ が $x = a$ で極大となることを表している．$f''(a) < 0$ の場合も同様の考察から分かる．

2 変数関数に対してはこのような図形的考察は難しいが，やはり 2 階偏導関数により極大・極小を判定するという定理が成り立つ．

定理 6.12 関数 $f(x, y)$ は点 (a, b) を含む領域で C^2 級で，

$$f_x(a, b) = f_y(a, b) = 0 \tag{6.32}$$

を満たすとする．

$$\Delta = f_{xx}(a, b) \cdot f_{yy}(a, b) - f_{xy}(a, b)^2$$

とおくとき，次が成り立つ．

(i) $f_{xx}(a, b) > 0$ かつ $\Delta > 0$ のとき，$f(a, b)$ は極小値である．
(ii) $f_{xx}(a, b) < 0$ かつ $\Delta > 0$ のとき，$f(a, b)$ は極大値である．
(iii) $\Delta < 0$ のとき，$f(a, b)$ は極大値でも極小値でもない．

証明 Taylor の定理 (定理 6.8) と仮定 (6.32) により，

$$f(x, y) = f(a, b)$$
$$+ \left(\frac{1}{2} f_{xx}(\xi, \eta)(x-a)^2 + f_{xy}(\xi, \eta)(x-a)(y-b) + \frac{1}{2} f_{yy}(\xi, \eta)(y-b)^2 \right)$$

となる．ここで $f_{xx}(x, y), f_{xy}(x, y), f_{yy}(x, y)$ が連続という仮定から，

$$\begin{cases} f_{xx}(\xi, \eta) = f_{xx}(a, b) + \varepsilon_1 \\ f_{xy}(\xi, \eta) = f_{xy}(a, b) + \varepsilon_2 \\ f_{yy}(\xi, \eta) = f_{yy}(a, b) + \varepsilon_3 \end{cases}$$

と表され，$\varepsilon_1, \varepsilon_2, \varepsilon_3$ は，(ξ, η) が (a, b) に限りなく近づくとき 0 に収束する量である．(ξ, η) が (a, b) と (x, y) を結ぶ線分上にあることから，(x, y) が (a, b) に限りなく近づくとき，(ξ, η) も (a, b) に限りなく近づく．したがって

$$\lim_{(x,y) \to (a,b)} \varepsilon_j = 0 \qquad (j = 1, 2, 3) \tag{6.33}$$

が成り立つ．さて (x, y) と (a, b) の距離を r とおき，$x - a = r \cos\theta, y - b =$

$r\sin\theta$ としておく.

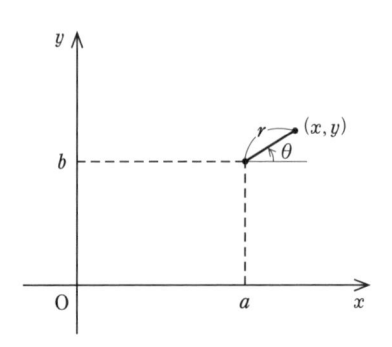

図 6.26

すると

$$f(x,y) - f(a,b)$$
$$= \frac{1}{2}\left\{(f_{xx}(a,b) + \varepsilon_1)(r\cos\theta)^2\right.$$
$$\left. + 2(f_{xy}(a,b) + \varepsilon_2)(r\cos\theta)(r\sin\theta) + (f_{yy}(a,b) + \varepsilon_3)(r\sin\theta)^2\right\}$$
$$= \frac{r^2}{2}\left(f_{xx}(a,b)\cos^2\theta + 2f_{xy}(a,b)\cos\theta\sin\theta + f_{yy}(a,b)\sin^2\theta + \varepsilon\right)$$

となる. ここで

$$\varepsilon = \varepsilon_1\cos^2\theta + 2\varepsilon_2\cos\theta\sin\theta + \varepsilon_3\sin^2\theta$$

である. (6.33) により $\lim_{r\to 0}\varepsilon = 0$ が成り立つ. したがって r が十分小さいときには, $f(x,y) - f(a,b)$ の符号は

$$f_{xx}(a,b)\cos^2\theta + 2f_{xy}(a,b)\cos\theta\sin\theta + f_{yy}(a,b)\sin^2\theta$$

の符号に一致することになる. いま簡単のため $f_{xx}(a,b) = A$, $f_{xy}(a,b) = B$, $f_{yy}(a,b) = C$ とおき, また $\cos\theta = u$, $\sin\theta = v$ とおこう. $A \neq 0$ を仮定し, (u,v) が単位円周上を動くときの $Au^2 + 2Buv + Cv^2$ の符号を調べる.

$$Au^2 + 2Buv + Cv^2 = A\left\{\left(u + \frac{B}{A}v\right)^2 + \frac{AC - B^2}{A^2}v^2\right\}$$

$$= A\left\{\left(u + \frac{B}{A}v\right)^2 + \frac{\Delta}{A^2}v^2\right\}$$

と変形すると，$A > 0, \Delta > 0$ ならばこの値はあらゆる (u,v) に対して正となることが分かる．これは (x,y) が (a,b) のまわりにあるとき，常に $f(x,y) - f(a,b) > 0$ ということだから，$f(a,b)$ は極小値となる．同様に $A < 0, \Delta > 0$ のときは，$f(a,b)$ は極大値となる．また $\Delta < 0$ のときには，(u,v) の値によって正にも負にもなることから，$f(a,b)$ は極値にならない．この場合 (a,b) は $f(x,y)$ の鞍点となる． ∎

この証明の後半部分は，線形代数で学ぶ 2 次形式の概念を用いると見通しよくとらえることができる．$Au^2 + 2Buv + Cv^2 = Q(u,v)$ とおく．$Q(u,v)$ は，$(0,0)$ 以外のすべての (u,v) に対して $Q(u,v) > 0$ となるとき**正定値**とよばれ，また $(0,0)$ 以外のすべての (u,v) に対して $Q(u,v) < 0$ となるとき**負定値**とよばれる．

$$Q(u,v) = \begin{pmatrix} u & v \end{pmatrix} \begin{pmatrix} A & B \\ B & C \end{pmatrix} \begin{pmatrix} u \\ v \end{pmatrix}$$

と表すことができるが，これにより $Q(u,v)$ の性質を対称行列 $\begin{pmatrix} A & B \\ B & C \end{pmatrix}$ のことばで記述することができる．すなわち次は同値である．

(p-i) $Q(u,v)$ は正定値

(p-ii) $\begin{pmatrix} A & B \\ B & C \end{pmatrix}$ の二つの固有値はいずれも正

(p-iii) $\begin{pmatrix} A & B \\ B & C \end{pmatrix}$ の主小行列式はいずれも正

また次の 3 条件も同値である．

(n-i) $Q(u,v)$ は負定値

(n-ii) $\begin{pmatrix} A & B \\ B & C \end{pmatrix}$ の二つの固有値はいずれも負

(n-iii) $\begin{pmatrix} A & B \\ B & C \end{pmatrix}$ の k 次主小行列式の符号は $(-1)^k$ の符号に一致する

なお $n \times n$ 行列 $M = (a_{ij})_{1 \leqq i,j \leqq n}$ に対する k 次主小行列式 (principal minor) とは，M の左上の $k \times k$ 成分をもってきてできる行列 $(a_{ij})_{1 \leqq i,j \leqq k}$ の行列式

$$\begin{vmatrix} a_{11} & a_{12} & \cdots & a_{1k} \\ a_{21} & a_{22} & \cdots & a_{2k} \\ \vdots & \vdots & & \vdots \\ a_{k1} & a_{k2} & \cdots & a_{kk} \end{vmatrix}$$

のことである．

$\begin{pmatrix} A & B \\ B & C \end{pmatrix}$ の 1 次および 2 次の主小行列式は，それぞれ A, $\begin{vmatrix} A & B \\ B & C \end{vmatrix} = AC - B^2$ であるから，定理の条件 (i) は (p-iii) に相当し，このことから $Q(u,v)$ は正定値となり，$f(a,b)$ が極小値であることが従うのである．同様に定理の条件 (ii) は (n-iii) に相当している．定理の条件をこのようにとらえておくことにより，この定理を 3 変数以上の場合に拡張する方法が見えてくるであろう．

問 6.3 定理 6.12 を 3 変数関数に対する定理に拡張するとすれば，どのような定理になると考えられるか．

定理 6.2 により，有界閉領域 D で連続な関数 $f(x,y)$ は D において最大値と最小値をとるが，$f(x,y)$ が偏微分可能のときには，それらの値を求めることができる．有界閉領域 D からその境界 ∂D を取り除いて得られる領域 (D の内部という) を D° とすると，$f(x,y)$ の最大値 (あるいは最小値) は D° で実現されるかまたは ∂D で実現される．

D° の点において最大値 (最小値) が実現されるとすると，そこで $f(x,y)$ は極大 (極小) になるので，そのような点は $f_x(a,b) = f_y(a,b) = 0$ を満たす点

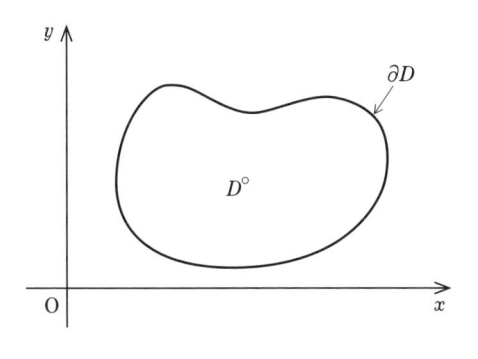

図 6.27

(a,b) のうちから探せばよい (定理 6.11 による). D の境界 ∂D 上の点で最大値あるいは最小値が実現される場合には，次の定理を手がかりにしてその点を探せばよい．

定理 6.13 (Lagrange の未定乗数法) 関数 $f(x,y)$ および $\varphi(x,y)$ は C^1 級であるとする．(x,y) が曲線 $\varphi(x,y)=0$ 上を動くとき，$f(x,y)$ が曲線上の点 (a,b) において極大または極小となったとする．このとき $\varphi_x(a,b), \varphi_y(a,b)$ のうち少なくとも一つが 0 でなければ，次の条件を満たすような定数 λ が存在する．

$$\begin{cases} \varphi(a,b)=0 \\ f_x(a,b)+\lambda\varphi_x(a,b)=0 \\ f_y(a,b)+\lambda\varphi_y(a,b)=0 \end{cases} \tag{6.34}$$

証明 $\varphi_y(a,b) \neq 0$ の場合に示す．このとき陰関数の定理により，$\varphi(x,y)=0, y(a)=b$ から関数 $y(x)$ が定まり，

$$y'(a) = -\frac{\varphi_x(a,b)}{\varphi_y(a,b)}$$

となっていることに注意しておく．さて $g(x)=f(x,y(x))$ とおくとき，$g(x)$ が $x=a$ で極値をとるのであったから，

$$0 = g'(a) = f_x(a,b) + f_y(a,b)y'(a) = f_x(a,b) - f_y(a,b)\frac{\varphi_x(a,b)}{\varphi_y(a,b)}$$

が成り立つ．そこで $-\dfrac{f_y(a,b)}{\varphi_y(a,b)} = \lambda$ とおけば，(6.34) が成り立つことが分かる． ∎

したがって，閉領域 D の境界 ∂D が曲線 $\varphi(x,y) = 0$ と表現されているときには，∂D で $f(x,y)$ の最大値あるいは最小値を実現する可能性のある点は，(6.34) を満たすような (a,b) のうちから探せばよいことになる．

例 6.6 閉領域 $D = \left\{(x,y) \mid \dfrac{x^2}{a^2} + \dfrac{y^2}{b^2} \leqq 1\right\}$ $(a > b > 0)$ における，関数 $f(x,y) = xy$ の最大値と最小値を求めよ．

解 まず D の内部 D° で最大値あるいは最小値を与える可能性のある点 (x,y) を求める．そのような点では $f(x,y)$ は極大あるいは極小になっているので，定理 6.11 が適用される．いまの場合は $f_x(x,y) = y$, $f_y(x,y) = x$ であるので，定理 6.11 より $y = x = 0$ となる．すなわち D の内部 D° で最大値あるいは最小値を与える可能性のある点は

$$(x,y) = (0,0)$$

の 1 点のみである．なおこの点が D° に含まれることはただちに確かめられる．

次に D の境界 ∂D で最大値あるいは最小値を与える可能性のある点 (x,y) を求めよう．境界 ∂D は，$\varphi(x,y) = \dfrac{x^2}{a^2} + \dfrac{y^2}{b^2} - 1$ とおくとき $\varphi(x,y) = 0$ で与えられる．$\varphi_x(x,y) = \dfrac{2x}{a^2}, \varphi_y(x,y) = \dfrac{2y}{b^2}$ であるので，定理 6.13 により，ある定数 λ が存在して，

$$\begin{cases} \varphi(x,y) = 0 & \cdots\cdots ① \\ y + \lambda \dfrac{2x}{a^2} = 0 & \cdots\cdots ② \\ x + \lambda \dfrac{2y}{b^2} = 0 & \cdots\cdots ③ \end{cases}$$

となる．②, ③ に注目する．これらを行列を用いて書くと，

$$\begin{pmatrix} \dfrac{2\lambda}{a^2} & 1 \\ 1 & \dfrac{2\lambda}{b^2} \end{pmatrix} \begin{pmatrix} x \\ y \end{pmatrix} = \begin{pmatrix} 0 \\ 0 \end{pmatrix} \tag{6.35}$$

となる．左辺の行列の行列式が 0 と異なれば，逆行列が存在するので，この方程式の解は $\begin{pmatrix} x \\ y \end{pmatrix} = \begin{pmatrix} 0 \\ 0 \end{pmatrix}$, すなわち $(x,y) = (0,0)$ となる．これは明らかに ① を満たさないので不適である．したがって (6.35) の左辺の行列の行列式は 0 でなければならない．すなわち

$$\begin{vmatrix} \dfrac{2\lambda}{a^2} & 1 \\ 1 & \dfrac{2\lambda}{b^2} \end{vmatrix} = \dfrac{4\lambda^2}{a^2 b^2} - 1 = 0$$

を得る．これより $\lambda = \pm\dfrac{ab}{2}$ となる．$\lambda = \dfrac{ab}{2}$ とすると，② に代入して $y = -\dfrac{b}{a}x$ が得られ，これを ① に代入することで $x = \pm\dfrac{a}{\sqrt{2}}$ が得られる．したがってこのとき，

$$(x,y) = \left(\dfrac{a}{\sqrt{2}}, -\dfrac{b}{\sqrt{2}}\right), \quad \left(-\dfrac{a}{\sqrt{2}}, \dfrac{b}{\sqrt{2}}\right)$$

となる．$\lambda = -\dfrac{ab}{2}$ のときも同様に考えると，

$$(x,y) = \left(\dfrac{a}{\sqrt{2}}, \dfrac{b}{\sqrt{2}}\right), \quad \left(-\dfrac{a}{\sqrt{2}}, -\dfrac{b}{\sqrt{2}}\right)$$

が得られる．

こうして得られた 5 つの候補 (x,y) における $f(x,y)$ の値を計算すると，

$$f(0,0) = 0,$$
$$f\left(\dfrac{a}{\sqrt{2}}, -\dfrac{b}{\sqrt{2}}\right) = f\left(-\dfrac{a}{\sqrt{2}}, \dfrac{b}{\sqrt{2}}\right) = -\dfrac{ab}{2},$$
$$f\left(\dfrac{a}{\sqrt{2}}, \dfrac{b}{\sqrt{2}}\right) = f\left(-\dfrac{a}{\sqrt{2}}, -\dfrac{b}{\sqrt{2}}\right) = \dfrac{ab}{2}$$

となる．したがって $f(x,y)$ は点 $\left(\dfrac{a}{\sqrt{2}}, \dfrac{b}{\sqrt{2}}\right)$, $\left(-\dfrac{a}{\sqrt{2}}, -\dfrac{b}{\sqrt{2}}\right)$ で最大値 $\dfrac{ab}{2}$ をとり，点 $\left(\dfrac{a}{\sqrt{2}}, -\dfrac{b}{\sqrt{2}}\right)$, $\left(-\dfrac{a}{\sqrt{2}}, \dfrac{b}{\sqrt{2}}\right)$ で最小値 $-\dfrac{ab}{2}$ をとる． ∎

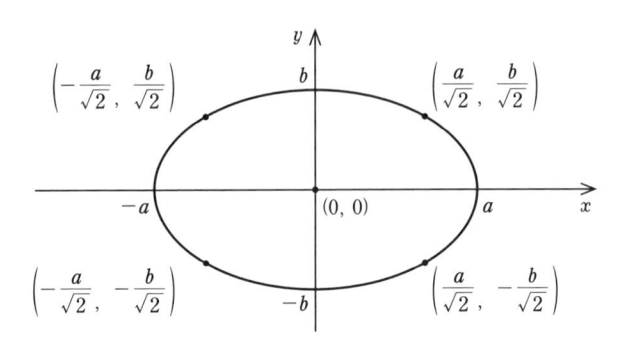

図 6.28

問 6.4 上の例で，$f(x,y)$ の最大値および最小値を与える点における $z = f(x,y)$ のグラフの接平面を求め，その傾きと最大あるいは最小となることの関係を考察せよ．

問題 6

1. 次の $f(x,y)$ に対し，$f_x(x,y)$ および $f_y(x,y)$ を計算せよ．
   (1) $f(x,y) = x^2 + xy + 2y^2$
   (2) $f(x,y) = \dfrac{ax+by}{cx+dy}$ (a,b,c,d は定数)
   (3) $f(x,y) = \dfrac{x^2 y}{1+x+y^2}$
   (4) $f(x,y) = \sin(xy)$
   (5) $f(x,y) = x\log(1+xy)$
   (6) $f(x,y) = \tan^{-1}\dfrac{y}{x}$
   (7) $f(x,y) = \sin^{-1}\sqrt{x^2+y^2}$
   (8) $f(x,y) = x^y$

2. 1 の各 $f(x,y)$ に対し，$f_{xx}(x,y), f_{xy}(x,y), f_{yy}(x,y)$ を計算せよ．

3. $f(x,y)$ を用いて作った合成関数の微分あるいは偏微分を計算せよ．

(1) $\dfrac{d}{dt}f(at, bt)$　$(a, b$ は定数$)$

(2) $\dfrac{\partial}{\partial s}f(as+bt, cs+dt)$,　$\dfrac{\partial}{\partial t}f(as+bt, cs+dt)$　$(a,b,c,d$ は定数$)$

(3) $\dfrac{\partial}{\partial s}f(s^2+t^2, st)$,　$\dfrac{\partial}{\partial t}f(s^2+t^2, st)$

(4) $\dfrac{\partial}{\partial s}f(s+st+t^2, s^2+1)$,　$\dfrac{\partial}{\partial t}f(s+st+t^2, s^2+1)$

4. (1) 楕円面 $\dfrac{x^2}{a^2} + \dfrac{y^2}{b^2} + \dfrac{z^2}{c^2} = 1$ $(a>0, b>0, c>0)$ の，点 $\left(\dfrac{a}{\sqrt{2}}, \dfrac{b}{\sqrt{3}}, \dfrac{c}{\sqrt{6}}\right)$ における接平面の方程式を求めよ．

(2) 関数 $f(x,y) = \dfrac{1}{e^{x-y}+e^{y-x}}$ のグラフの，点 $(a, b, f(a,b))$ における接平面の方程式を求めよ．

5. (1) $x^{\frac{2}{3}} + y^{\frac{2}{3}} = a^{\frac{2}{3}}$ $(a>0)$ で定まる曲線の，点 (x_0, y_0) における接線の方程式を求めよ．

(2) $5x^2 - 6xy + 5y^2 - 2x - 2y = 3$ で定まる曲線の，点 $\left(\dfrac{3}{2}, \dfrac{3}{2}\right)$ における接線の方程式を求めよ．

6. 極値を求めよ．

(1)　$f(x,y) = x^2 - xy + 4y^2 + x + 2y$　　(2)　$f(x,y) = x^2 - 3xy + 2y^3$

(3)　$f(x,y) = x^3 + xy + y^3$

7. (1) 閉領域 $D = \{(x,y) \mid x^2 + 3y^2 \leqq 1\}$ における，関数 $f(x,y) = x^2 + xy + 2y^2$ の最大値と最小値を求めよ．

(2) 閉領域 $D = \{(x,y) \mid x^2 + 2y^2 \leqq 1\}$ における，関数 $f(x,y) = x^3 + y^3$ の最大値と最小値を求めよ．

(3) xy-平面全体における，関数 $f(x,y) = e^{-x^2-y^2}(x^2 + 2y^2)$ の最大値と最小値を求めよ．

第 7 章
重積分

7.1 重積分の定義

1 変数関数の積分の定義の自然な拡張として，2 変数関数の積分を次のように定義する．

D を xy-平面上の有界閉領域とし，$f(x,y)$ が D 上定義されているとする．

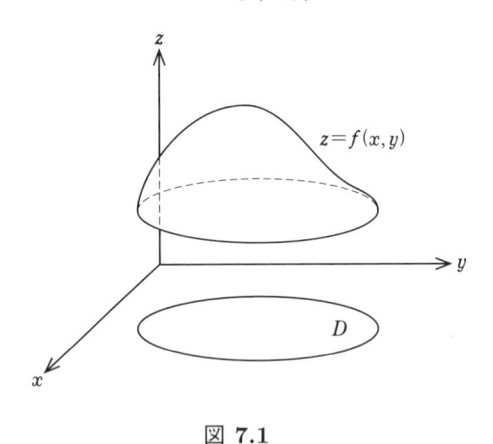

図 7.1

D を覆うように xy-平面に座標軸に平行な網目を入れる．すなわち

$$\begin{cases} x_0 < x_1 < x_2 < \cdots < x_m \\ y_0 < y_1 < y_2 < \cdots < y_n \end{cases}$$

という列をとり，$x = x_i$ および $y = y_j$ という直線を考えるのである．$x_i - x_{i-1}$ $(1 \leqq i \leqq m)$ と $y_j - y_{j-1}$ $(1 \leqq j \leqq n)$ たちのうちの最大値を，この網目の巾とよぶ．さてこの網目の小長方形を

$$\Delta_{ij} = \{(x,y) \mid x_{i-1} < x < x_i, y_{j-1} < y < y_j\} \quad (1 \leqq i \leqq m, 1 \leqq j \leqq n)$$

としよう．Δ_{ij} たちの中には D と交わるものも交わらないものもあるかもしれないが，D と交わりをもつものだけを考え，そのような (i,j) それぞれについて 1 点 $(p_{ij}, q_{ij}) \in D \cap \Delta_{ij}$ をとる．

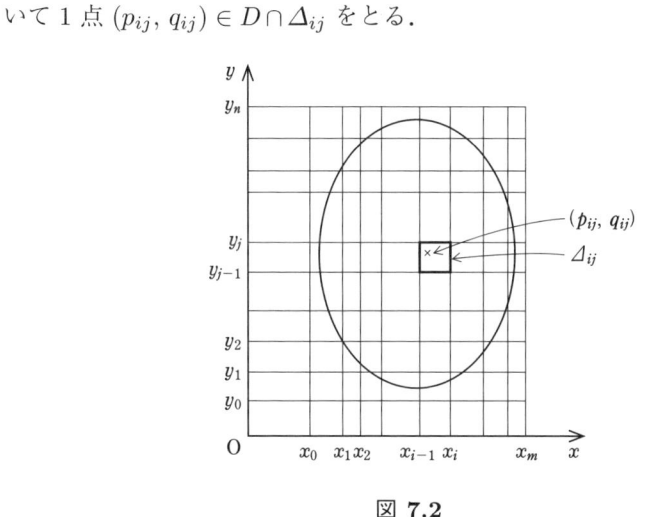

図 **7.2**

$D \cap \Delta_{ij} \neq \emptyset$ となる各 (i,j) について，$f(p_{ij}, q_{ij}) \cdot (x_i - x_{i-1})(y_j - y_{j-1})$ という量を考える．これは $f(p_{ij}, q_{ij}) > 0$ のときには，Δ_{ij} を底面とし，$f(p_{ij}, q_{ij})$ を高さとする直方体の体積である (図 7.3)．

そしてこの量の総和を考える．

$$S = \sum_{i,j} f(p_{ij}, q_{ij}) \cdot (x_i - x_{i-1})(y_j - y_{j-1}) \tag{7.1}$$

S を **Riemann 和**という．$f(x,y) \geqq 0$ の場合には，S は図 7.4 のような直方体が林立した立体の体積となる．

網目の巾を限りなく 0 に近づけていくとき，S の値が網目の取り方や (p_{ij}, q_{ij}) の取り方によらず一定の値に収束するならば，$f(x,y)$ は D 上**積分可能**である

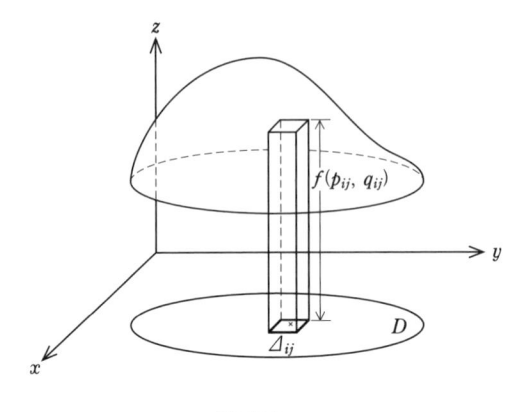

図 **7.3**

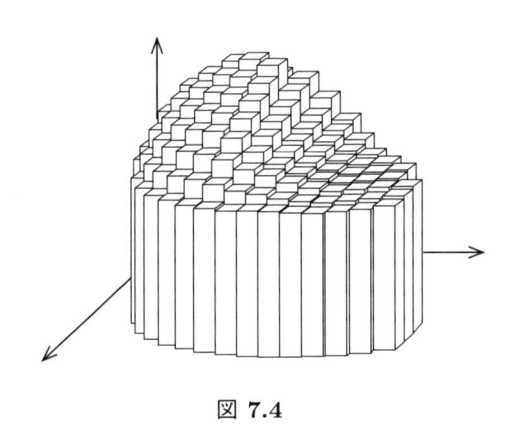

図 **7.4**

といい，その極限値を $f(x,y)$ の D 上の**積分** (あるいは**重積分**) とよび

$$\iint_D f(x,y)\,dx\,dy$$

で表す．

$f(x,y) \geqq 0$ の場合を考えると，図 7.5 から分かるように，重積分 $\iint_D f(x,y)\,dx\,dy$ は，D を底面とし D からまっすぐ立ち上がってグラフ $z = f(x,y)$ で蓋をされた立体の体積を表すものになっている．

いまの積分可能の定義は関数 $f(x,y)$ のみに対する定義ではなく，閉領域 D

図 7.5

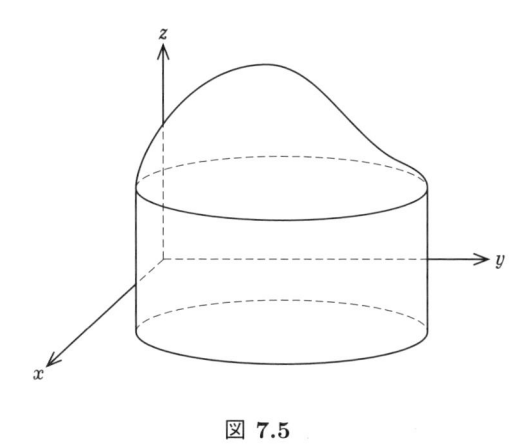

と関数 $f(x,y)$ 両方に対する定義である．xy-平面上の領域にはさまざまな形があるので，D の形によっては同じ関数 $f(x,y)$ が積分可能であったり積分不可能であったりすることがあり得る．積分可能性については，次の定理が実用的である．

定理 7.1 連続曲線[1]で囲まれた閉領域 D の上で連続な関数は，D 上積分可能である．

この定理の証明は複雑になるので，本書では扱わない．

D を連続曲線で囲まれた閉領域とし，D 上の連続関数として恒等的に 1 である関数 $f(x,y) \equiv 1$ を考えると，D 上の $f(x,y)$ の積分は D の面積 $m(D)$ を与える．

$$\iint_D 1\,dx\,dy = m(D) \tag{7.2}$$

なぜならこの積分の値は D を底面とする高さ 1 の立体の体積であり，(底面積) ×(高さ)=(体積) と考えれば底面積の値に等しいことが分かるのである (図 7.6 参照)．

---

[1] 厳密にいうと自己交差のない (自分自身との交わりをもたない) 連続曲線とする．たとえば図形 ∞ は真ん中に自己交差をもつので，このような曲線は除外して考える．

図 7.6

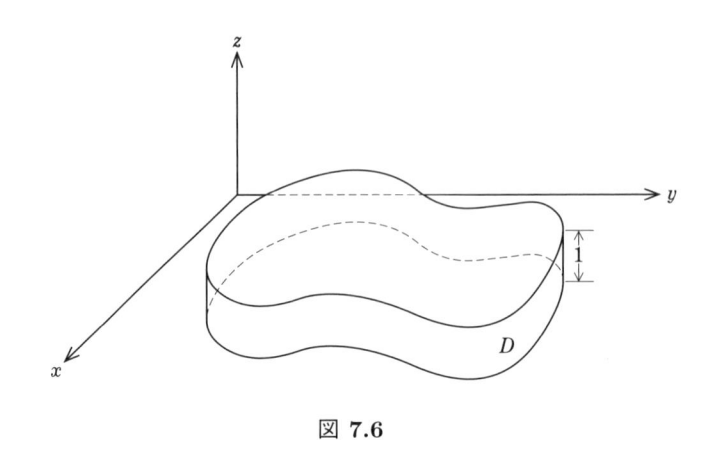

これからは，考える閉領域はすべて連続曲線で囲まれたものとする．

注意 7.1 ここで重積分の定義に関して一つの注意を与えておく．この注意は 7.4 節で変数変換を考えるときに必要となる．

D を連続曲線で囲まれた閉領域とする．関数 $f(x,y)$ の D 上の重積分を定義するとき，D に網目を入れたが，これは D を座標軸に平行な直線たちで分割していることになる．そして Riemann 和に現れる $(x_i - x_{i-1})(y_j - y_{j-1})$ という量は，この分割における小領域 Δ_{ij} の面積 $m(\Delta_{ij})$ となっている (図 7.2 参照)．そこで一般に，D を何本かの連続曲線で分割したものを考える．分割されてできた小領域を $D_1, D_2, \cdots, D_n$ とし，各 D_i 内に 1 点 (p_i, q_i) をとり，これらに応じた Riemann 和

$$S' = \sum_{i=1}^{n} f(p_i, q_i) \, m(D_i) \tag{7.3}$$

を考えよう．これは (7.1) の Riemann 和 S を一般化したものである．

D_i 内の 2 点の距離の最大値を δ_i とし，$\delta_1, \delta_2, \cdots, \delta_n$ の最大値を δ としよう．さて，$f(x,y)$ が D 上積分可能であれば，$\delta \to 0$ のとき，S' は $\iint_D f(x,y) \, dx \, dy$ に収束することが示される．つまり S も S' も同じ極限に収束するのである．これにより，必要に応じて (7.1) の Riemann 和 S の代わりに (7.3) の一般化された Riemann 和 S' を考えてもよいことが分かる．

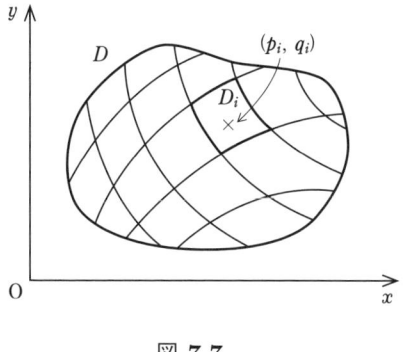

図 7.7

7.2　重積分の基本的性質

重積分は 1 変数関数の積分の自然な拡張として定義したので，次の定理は定理 4.2 と同様に示される．

定理 7.2　D は有界閉領域とし，$f(x,y), g(x,y)$ は D 上連続とする．

(i) $$\iint_D (f(x,y) + g(x,y))\,dx\,dy = \iint_D f(x,y)\,dx\,dy + \iint_D g(x,y)\,dx\,dy$$

(ii) $$\iint_D cf(x,y)\,dx\,dy = c\iint_D f(x,y)\,dx\,dy \qquad (c \text{ は定数})$$

(iii) 閉領域 D が二つの閉領域 D_1, D_2 に分かれているとき，
$$\iint_D f(x,y)\,dx\,dy = \iint_{D_1} f(x,y)\,dx\,dy + \iint_{D_2} f(x,y)\,dx\,dy$$

(iv) D 上で $f(x,y) \leqq g(x,y)$ とのき，
$$\iint_D f(x,y)\,dx\,dy \leqq \iint_D g(x,y)\,dx\,dy$$

等号はすべての (x,y) に対して $f(x,y) = g(x,y)$ のときのみ成立する．

(v) $$\left| \iint_D f(x,y)\,dx\,dy \right| \leqq \iint_D |f(x,y)|\,dx\,dy$$

7.3 累次積分

重積分は，基本的に 1 変数関数の積分の計算に帰着させて計算する．そのような重積分の計算方法を**累次積分**とよぶ．1 変数関数の積分への帰着のさせ方は領域 D の形状によって変わるので，基本的な三つの場合について説明しよう．

Case 1. D が座標軸に平行な辺からなる長方形の場合

$D = \{(x,y) \mid a \leqq x \leqq b,\ c \leqq y \leqq d\}$ とする．

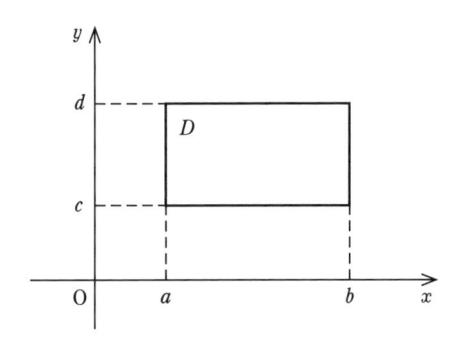

図 **7.8**

この場合 $f(x,y)$ の D 上の重積分は，まず $f(x,y)$ を y のみの関数と見て区間 $[c,d]$ 上で積分し，その積分の結果を今度は x について区間 $[a,b]$ 上で積分することで計算される．すなわち

$$\iint_D f(x,y)\,dx\,dy = \int_a^b \left\{ \int_c^d f(x,y)\,dy \right\} dx \tag{7.4}$$

ということになる．(7.4) の右辺はしばしば $\int_a^b dx \int_c^d f(x,y)\,dy$ と表される．この表し方は，$\int_a^b dx$ を「x について a から b まで積分せよ」という命令ととらえたものである．また x と y の役割を入れ替えて，先に x で積分してあとで y で積分してもよい．すなわち次の定理が成り立つ．

定理 7.3 (累次積分 その 1)　関数 $f(x,y)$ が長方形領域 $D = \{(x,y) \mid a \leqq x \leqq b, c \leqq y \leqq d\}$ で連続のとき，

$$\iint_D f(x,y)\,dx\,dy = \int_a^b dx \int_c^d f(x,y)\,dy$$
$$= \int_c^d dy \int_a^b f(x,y)\,dx \qquad (7.5)$$

が成り立つ．

説明　きちんとした証明ではないが，なぜ (7.5) が成り立つのかイメージがつかめるよう説明する．D に

$$\begin{cases} a = x_0 < x_1 < x_2 < \cdots < x_m = b \\ c = y_0 < y_1 < y_2 < \cdots < y_n = d \end{cases}$$

という網目をかけて小長方形 $\Delta_{ij} = \{(x,y) \mid x_{i-1} < x < x_i, y_{j-1} < y < y_j\}$ の集まりに分割する．重積分の定義によると各小長方形 Δ_{ij} 内に 1 点 (p_{ij}, q_{ij}) をとることになるが，このとき p_{ij} をすべての j について共通にとる．つまり各 i に対して $x_{i-1} < p_i < x_i$ を満たす p_i をとり，$p_{ij} = p_i$ とするのである（図 7.9）．

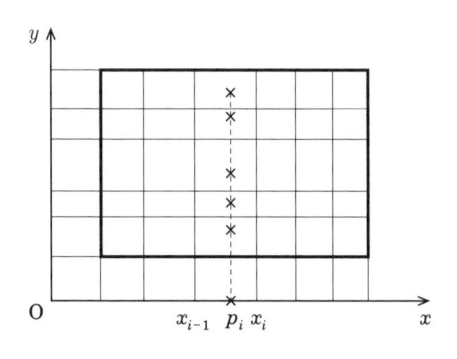

図 **7.9**

するとこのとき

$$S = \sum_{i,j} f(p_{ij}, q_{ij}) \cdot (x_i - x_{i-1})(y_j - y_{j-1})$$

$$= \sum_{i=1}^{m}(x_i - x_{i-1}) \sum_{j=1}^{n} f(p_i, q_{ij})(y_j - y_{j-1})$$

となるが，右辺の後半部分 $\sum_{j=1}^{n} f(p_i, q_{ij})(y_j - y_{j-1})$ は，y 軸上の区間 $[c,d]$ の分割の巾を 0 に限りなく近づける極限で，積分 $\int_c^d f(p_i, y)\,dy$ に収束する．この結果を代入すると

$$\sum_{i=1}^{m} \int_c^d f(p_i, y)\,dy \cdot (x_i - x_{i-1})$$

となるが，これは関数 $F(x) = \int_c^d f(x,y)\,dy$ を区間 $[a,b]$ 上積分するときに現れる Riemann 和に他ならない．したがって $[a,b]$ の分割の巾を 0 に限りなく近づける極限で，積分 $\int_a^b F(x)\,dx$ に収束する．これは (7.5) の第 2 辺である．一方上記の S において網目の巾を 0 に限りなく近づけた極限が重積分であり，(7.5) の左辺である．したがって (7.5) の左辺と第 2 辺が等しいことになる．

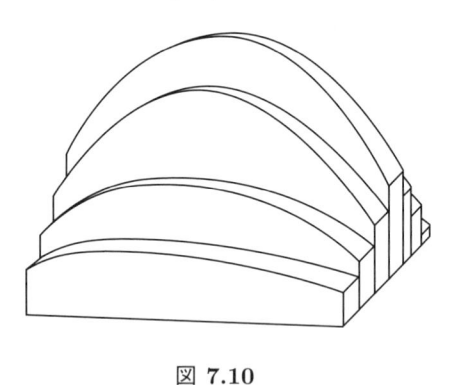

図 **7.10**

x と y の役割を取り替えると，(7.5) の左辺は (7.5) の第 3 辺とも等しいことが分かる． ■

例 7.1 $D = \{(x,y) \mid 0 \leqq x \leqq 1,\, 0 \leqq y \leqq 2\}$ として，積分

$\iint_D (x^2 + 3xy)\,dx\,dy$ を累次積分により計算する.

$$\iint_D (x^2 + 3xy)\,dx\,dy = \int_0^1 dx \int_0^2 (x^2 + 3xy)\,dy$$
$$= \int_0^1 dx \left[x^2 y + \frac{3}{2}xy^2\right]_{y=0}^{y=2}$$
$$= \int_0^1 dx \left(2x^2 + \frac{3}{2}\cdot 4x\right)$$
$$= \left[\frac{2}{3}x^3 + 3x^2\right]_0^1$$
$$= \frac{11}{3}$$

となる. ∎

計算の途中で, 定数と見なす x と変数と見なす y が混在してくるので, 注意を要する.

問 7.1 同じ積分を, x に関して先に積分する累次積分により計算せよ.

Case 2. 縦線集合

閉領域 D が, 連続関数 $\varphi_1(x), \varphi_2(x)$ を用いて

$$D = \{(x,y) \mid a \leqq x \leqq b,\ \varphi_1(x) \leqq y \leqq \varphi_2(x)\} \tag{7.6}$$

と表されるとき, **縦線集合**という.

縦線集合 D 上の積分は, 次のように累次積分で計算される.

定理 7.4 (累次積分 その 2) 関数 $f(x,y)$ が (7.6) で与えられる縦線集合 D で連続のとき,

$$\iint_D f(x,y)\,dx\,dy = \int_a^b dx \int_{\varphi_1(x)}^{\varphi_2(x)} f(x,y)\,dy \tag{7.7}$$

が成り立つ.

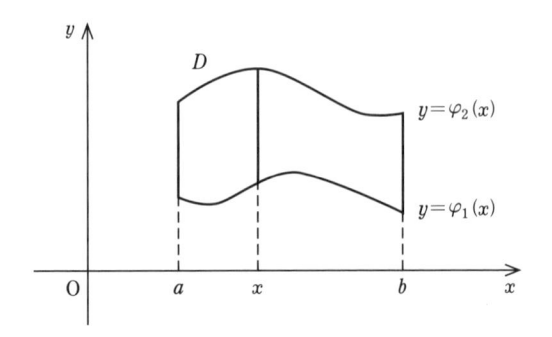

図 **7.11**　縦線集合

(7.7) の右辺の意味は次の通りである．まず $f(x,y)$ を y のみの関数と見て $\varphi_1(x)$ から $\varphi_2(x)$ まで積分する．するとその結果は，$f(x,y)$ の中の x が残っていることと積分の端点が x に依存していたことから，2 重の意味で x の関数となる．その x の関数を a から b まで積分するということである．

定理 7.4 は，定理 7.3 に帰着させることで証明される．

例 7.2　xy-平面上 $y=0, y=x, x=1$ で囲まれた閉領域を D とするとき，重積分 $\displaystyle\iint_D (x+y^2)\,dx\,dy$ の値を求めよ．

解　D は図 7.12 のような領域なので，縦線集合として表すことができる．

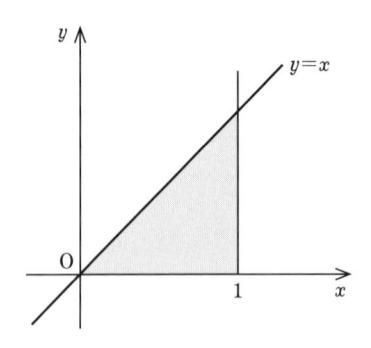

図 **7.12**

すなわち $D = \{\,(x,y) \mid 0 \leqq x \leqq 1,\, 0 \leqq y \leqq x\,\}$ である．したがって累次積分を行うと，

$$\iint_D (x+y^2)\,dx\,dy = \int_0^1 dx \int_0^x (x+y^2)\,dy$$
$$= \int_0^1 dx \left[xy + \frac{y^3}{3}\right]_{y=0}^{y=x}$$
$$= \int_0^1 dx \left(x^2 + \frac{x^3}{3}\right)$$
$$= \left[\frac{x^3}{3} + \frac{x^4}{12}\right]_0^1$$
$$= \frac{5}{12}$$

となる． ∎

Case 3． 横線集合

縦線集合における x と y の役割を入れ替えたものが横線集合である．すなわち，連続関数 $\psi_1(y), \psi_2(y)$ を用いて

$$D = \{\,(x,y) \mid c \leqq y \leqq d,\, \psi_1(y) \leqq x \leqq \psi_2(y)\,\} \tag{7.8}$$

と表される閉領域 D を，**横線集合**という．

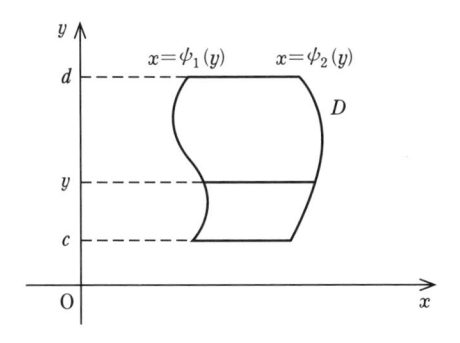

図 **7.13** 横線集合

横線集合 D 上の積分は，次のように累次積分で計算される．

定理 7.5 (累次積分　その 3)　関数 $f(x,y)$ が (7.8) で与えられる横線集合 D で連続のとき，

$$\iint_D f(x,y)\,dx\,dy = \int_c^d dy \int_{\psi_1(y)}^{\psi_2(y)} f(x,y)\,dx \tag{7.9}$$

が成り立つ．

これの証明も定理 7.3 に帰着する．

問 7.2　例 7.2 の積分を，定理 7.5 を用いて計算せよ．

上の問が示唆するように，見方によって縦線集合とも横線集合とも思えるような閉領域が存在する．そのような閉領域に対しては，同じ重積分を 2 通りに計算することができるが，次のようにとらえることもできる．

定理 7.6 (積分の順序交換)　閉領域 D が (7.6) および (7.8) という 2 通りの表し方をもつとする．このとき D 上連続な関数 $f(x,y)$ に対して，

$$\int_a^b dx \int_{\varphi_1(x)}^{\varphi_2(x)} f(x,y)\,dy = \int_c^d dy \int_{\psi_1(y)}^{\psi_2(y)} f(x,y)\,dx \tag{7.10}$$

が成り立つ．

例 7.3　$\displaystyle\int_0^1 dx \int_x^1 e^{y^2}\,dy$ の値を求めよ．

解　この積分を，重積分 $\displaystyle\iint_D e^{y^2}\,dx\,dy$ を累次積分に書いたものと見るとき，対応する閉領域 D は

$$D = \{\,(x,y) \mid 0 \leqq x \leqq 1,\ x \leqq y \leqq 1\,\}$$

という縦線集合になる．この D は

$$D = \{\,(x,y) \mid 0 \leqq y \leqq 1,\ 0 \leqq x \leqq y\,\}$$

という横線集合とも思えるので，(7.10) により

$$\int_0^1 dx \int_x^1 e^{y^2}\,dy = \int_0^1 dy \int_0^y e^{y^2}\,dx$$
$$= \int_0^1 dy \left[xe^{y^2}\right]_{x=0}^{x=y}$$
$$= \int_0^1 y e^{y^2}\,dy$$
$$= \left[\frac{1}{2}e^{y^2}\right]_0^1$$
$$= \frac{e-1}{2}$$

となる．始めの形のままでは，不定積分 $\int e^{y^2}\,dy$ が初等関数では表されないため具体的な計算ができないが，積分の順序を交換することにより不定積分のできる形にもち込むことができたのである． ∎

7.4 変数変換

累次積分とならび，重積分を計算するための重要な手法が変数変換である．C^1 級の関数による変数変換

$$\begin{cases} x = x(s,t) \\ y = y(s,t) \end{cases} \quad (7.11)$$

により，xy-平面の閉領域 D と st-平面の閉領域 Ω が $1:1$ に対応しているとする．

定理 7.7 (積分の変数変換) 関数 $f(x,y)$ が D で連続のとき，

$$\iint_D f(x,y)\,dx\,dy = \iint_\Omega f(x(s,t),\,y(s,t)) \left|\frac{\partial(x,y)}{\partial(s,t)}\right| ds\,dt \quad (7.12)$$

が成り立つ．

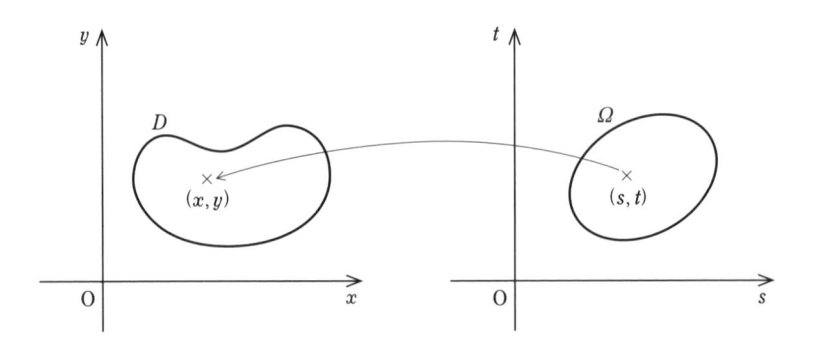

図 7.14

　(7.12) の右辺は，$f(x,y)$ に (7.11) の変数変換を代入し，それに変換のヤコビアン $\dfrac{\partial(x,y)}{\partial(s,t)}$ の絶対値をかけた関数の，Ω 上の積分である．ヤコビアンについては (6.26) を参照のこと．

証明　st-平面の閉領域 Ω に網目をかけて，小長方形に分割する．すなわち $s_0 < s_1 < \cdots < s_m, t_0 < t_1 < \cdots < t_n$ として直線 $s = s_i, t = t_j$ を引き，これらで囲まれた長方形 $\Delta_{ij} = \{\,(s,t) \mid s_{i-1} < s < s_i,\, t_{j-1} < t < t_j\,\}$ を考える．対応 (7.11) によりこの Ω の分割を D に移すと，D の連続曲線による分割が得られる．Δ_{ij} に対応する D の小領域を D_{ij} とおく．

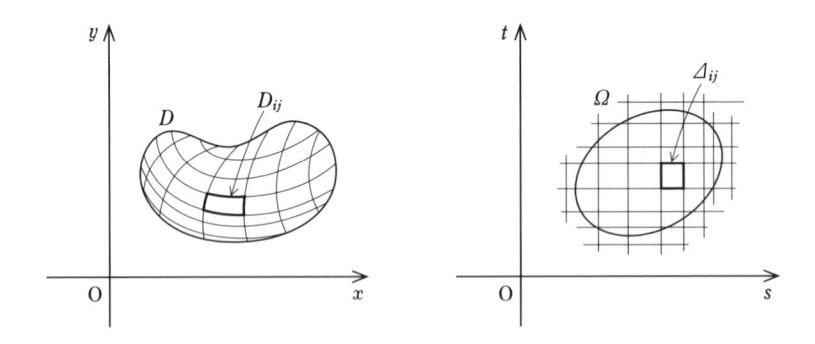

図 7.15

各 Δ_{ij} 内に 1 点 (u_{ij}, v_{ij}) をとり，(7.11) によりこの点に対応する D_{ij} 内の点を (p_{ij}, q_{ij}) としよう．すなわち $x(u_{ij}, v_{ij}) = p_{ij}, y(u_{ij}, v_{ij}) = q_{ij}$ である．これらを用いて一般化された Riemann 和

$$S' = \sum_{i,j} f(p_{ij}, q_{ij}) m(D_{ij}) \tag{7.13}$$

を作ると，注意 7.1 により分割を限りなく細かくしたとき S' は重積分 $\iint_D f(x,y)\,dx\,dy$ に収束するのである．S' を，(s,t) に関係した量で表したい．まず当然のことながら

$$f(p_{ij}, q_{ij}) = f(x(u_{ij}, v_{ij}), y(u_{ij}, v_{ij}))$$

である．次に $m(D_{ij})$ を考えよう．Δ_{ij} の四つの頂点 (s_{i-1}, t_{j-1}), (s_i, t_{j-1}), (s_{i-1}, t_j), (s_i, t_j) の (7.11) による行き先をそれぞれ $(x_1, y_1), (x_2, y_2), (x_3, y_3), (x_4, y_4)$ とおこう．

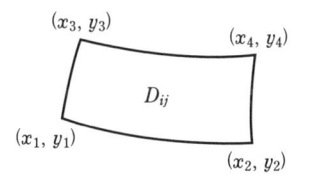

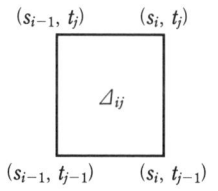

図 7.16

$s_i - s_{i-1} = h, t_j - t_{j-1} = k$ とおくと，関数 $x(s,t)$ は C^1 級であったので全微分可能となり，

$$x_2 = x(s_i, t_{j-1}) = x(s_{i-1}, t_{j-1}) + x_s(s_{i-1}, t_{j-1})h + \varepsilon_2$$
$$= x_1 + x_s(s_{i-1}, t_{j-1})h + \varepsilon_2$$
$$x_3 = x(s_{i-1}, t_j) = x(s_{i-1}, t_{j-1}) + x_t(s_{i-1}, t_{j-1})k + \varepsilon_3$$
$$= x_1 + x_t(s_{i-1}, t_{j-1})k + \varepsilon_3$$
$$x_4 = x(s_i, t_j) = x(s_{i-1}, t_{j-1}) + x_s(s_{i-1}, t_{j-1})h + x_t(s_{i-1}, t_{j-1})k + \varepsilon_4$$
$$= x_1 + x_s(s_{i-1}, t_{j-1})h + x_t(s_{i-1}, t_{j-1})k + \varepsilon_4$$

と表される. ここで $\lim_{(h,k)\to(0,0)} \dfrac{\varepsilon_l}{\sqrt{h^2+k^2}} = 0$ $(l=2,3,4)$ である. $y(s,t)$ についても同様にして,

$$y_2 = y_1 + y_s(s_{i-1}, t_{j-1})h + \delta_2$$
$$y_3 = y_1 + y_t(s_{i-1}, t_{j-1})k + \delta_3$$
$$y_4 = y_1 + y_s(s_{i-1}, t_{j-1})h + y_t(s_{i-1}, t_{j-1})k + \delta_4$$

を得る. ここで $\lim_{(h,k)\to(0,0)} \dfrac{\delta_l}{\sqrt{h^2+k^2}} = 0$ $(l=2,3,4)$ である. 分割の巾を限りなく 0 に近づけた場合には, ε_l, δ_l はほとんど 0 と見なすことができるので, D_{ij} は

$$(x_1, y_1),$$
$$(x_1 + x_s(s_{i-1}, t_{j-1})h, y_1 + y_s(s_{i-1}, t_{j-1})h),$$
$$(x_1 + x_t(s_{i-1}, t_{j-1})k, y_1 + y_t(s_{i-1}, t_{j-1})k),$$
$$(x_1 + x_s(s_{i-1}, t_{j-1})h + x_t(s_{i-1}, t_{j-1})k,$$
$$y_1 + y_s(s_{i-1}, t_{j-1})h + y_t(s_{i-1}, t_{j-1})k)$$

を頂点とする平行四辺形で近似される.

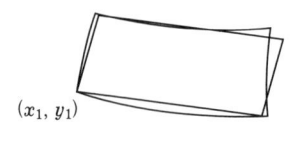

図 7.17

この平行四辺形は二つのベクトル $(x_s(s_{i-1}, t_{j-1})h, y_s(s_{i-1}, t_{j-1})h)$, $(x_t(s_{i-1}, t_{j-1})k, y_t(s_{i-1}, t_{j-1})k)$ で張られているので, その面積は

$$\begin{vmatrix} x_s(s_{i-1}, t_{j-1})h & x_t(s_{i-1}, t_{j-1})k \\ y_s(s_{i-1}, t_{j-1})h & y_t(s_{i-1}, t_{j-1})k \end{vmatrix} = \begin{vmatrix} x_s(s_{i-1}, t_{j-1}) & x_t(s_{i-1}, t_{j-1}) \\ y_s(s_{i-1}, t_{j-1}) & y_t(s_{i-1}, t_{j-1}) \end{vmatrix} hk$$

$$= \frac{\partial(x,y)}{\partial(s,t)}(s_{i-1}, t_{j-1}) \cdot hk$$

に絶対値をつけたもので与えられる (下の問 7.3 参照). したがって

$$m(D_{ij}) \fallingdotseq \left|\frac{\partial(x,y)}{\partial(s,t)}(s_{i-1}, t_{j-1})\right| \cdot (s_i - s_{i-1})(t_j - t_{j-1})$$

となる. こうして (7.13) の Riemann 和 S' は

$$\sum_{i,j} f(x(u_{ij}, v_{ij}), y(u_{ij}, v_{ij})) \left|\frac{\partial(x,y)}{\partial(s,t)}(s_{i-1}, t_{j-1})\right| \cdot (s_i - s_{i-1})(t_j - t_{j-1}) \tag{7.14}$$

で近似されることが分かった. この近似の誤差は, 分割の巾を限りなく 0 に近づけるといくらでも小さくできることが示される. (7.14) は (s,t) についての Riemann 和の形をしており, 分割の巾を限りなく 0 に近づけたとき, 重積分 $\iint_\Omega f(x(s,t), y(s,t)) \left|\frac{\partial(x,y)}{\partial(s,t)}\right| ds\,dt$ に収束する. 以上により (7.12) が示された. ∎

問 7.3 ベクトル (a,b) と (c,d) で張られる平行四辺形の面積は, 行列式 $\begin{vmatrix} a & b \\ c & d \end{vmatrix}$ に絶対値をつけたものとなることを示せ.

変数変換で特によく使われるのは極座標変換

$$\begin{cases} x = r\cos\theta \\ y = r\sin\theta \end{cases}$$

である. (6.29) で計算したようにこの変換のヤコビアンは r となるので, 極座標変換の場合の変数変換の公式は

$$\iint_D f(x,y)\,dx\,dy = \iint_\Omega f(r\cos\theta, r\sin\theta)\,r\,dr\,d\theta \tag{7.15}$$

となる.

例 7.4 $D = \{(x,y) \mid x^2 + y^2 \leqq a^2, x \geqq 0, y \geqq 0\}$ $(a > 0)$ とするとき,

重積分 $\iint_D xy\,dx\,dy$ の値を求めよ.

解 D は原点を中心とする円に関係する領域なので，極座標変換を試みてみよう．$x = r\cos\theta,\ y = r\sin\theta$ とするとき，D に対応する (r,θ)-平面の領域は

$$\Omega = \left\{(r,\theta)\ \middle|\ 0 \leqq r \leqq a,\ 0 \leqq \theta \leqq \frac{\pi}{2}\right\}$$

となる.

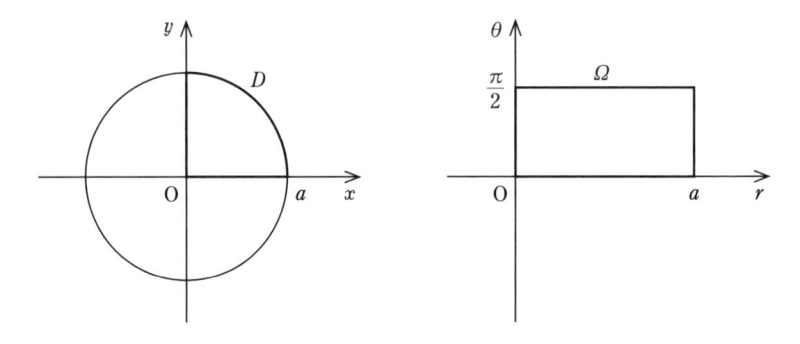

図 7.18

(7.15) を適用して，(r,θ) についての累次積分にもち込むと，

$$\begin{aligned}
\iint_D xy\,dx\,dy &= \iint_\Omega r\cos\theta \cdot r\sin\theta\, r\,dr\,d\theta \\
&= \int_0^a dr \int_0^{\frac{\pi}{2}} r^3 \sin\theta \cos\theta\,d\theta \\
&= \int_0^a dr \int_0^{\frac{\pi}{2}} r^3 \cdot \frac{\sin 2\theta}{2}\,d\theta \\
&= \int_0^a dr \left[-\frac{r^3}{4}\cos 2\theta\right]_{\theta=0}^{\theta=\frac{\pi}{2}} \\
&= \int_0^a dr\,\frac{r^3}{2} \\
&= \frac{a^4}{8}
\end{aligned}$$

となる. ∎

確率論・統計学で重要な役割を果たす

$$\int_{-\infty}^{\infty} e^{-x^2}\,dx = \sqrt{\pi} \tag{7.16}$$

という積分値は，重積分を用いて計算することができる．関数 e^{-x^2} は偶関数なので，次の例を示せばよい．

例 **7.5**

$$\int_0^{\infty} e^{-x^2}\,dx = \frac{\sqrt{\pi}}{2} \tag{7.17}$$

証明 この例と次の例では，無限に広がった領域における重積分を扱うことになる．厳密な議論を行うには重積分における広義積分を定義しなければならないが，ここでは立ち入らず，計算の流れを形式的に追うことにしよう．
$D = \{(x,y) \mid x \geqq 0,\, y \geqq 0\}$ として，次の重積分を考える．

$$A = \iint_D e^{-x^2-y^2}\,dx\,dy$$

累次積分を行うと，

$$\begin{aligned}
A &= \int_0^{\infty} dx \int_0^{\infty} e^{-x^2-y^2}\,dy \\
&= \int_0^{\infty} dx\, e^{-x^2} \int_0^{\infty} e^{-y^2}\,dy \\
&= \left(\int_0^{\infty} e^{-x^2}\,dx\right)^2
\end{aligned}$$

が分かる．一方極座標変換を行うと，D に対応する (r,θ) の領域は $\Omega = \{(r,\theta) \mid r \geqq 0,\, 0 \leqq \theta \leqq \frac{\pi}{2}\}$ となるので，

$$\begin{aligned}
A &= \iint_{\Omega} e^{-r^2}\,r\,dr\,d\theta \\
&= \int_0^{\frac{\pi}{2}} d\theta \int_0^{\infty} e^{-r^2}\,r\,dr
\end{aligned}$$

$$= \int_0^{\frac{\pi}{2}} d\theta \left[-\frac{e^{-r^2}}{2} \right]_{r=0}^{r=\infty}$$
$$= \int_0^{\frac{\pi}{2}} d\theta \, \frac{1}{2}$$
$$= \frac{\pi}{4}$$

となる．したがって

$$\left(\int_0^\infty e^{-x^2} dx \right)^2 = \frac{\pi}{4}$$

となり，$\int_0^\infty e^{-x^2} dx > 0$ に注意することで (7.17) を得る． ■

例 7.6 広義積分のところで紹介したガンマ関数とベータ関数の関係式 (4.24)

$$B(\alpha, \beta) = \frac{\Gamma(\alpha)\Gamma(\beta)}{\Gamma(\alpha+\beta)}$$

を示せ．

解 この場合も無限に広がった領域における重積分を扱うことになるが，計算の流れを示すにとどめる．右辺の分子 $\Gamma(\alpha)\Gamma(\beta)$ は 1 変数関数の積分の積であるが，これを重積分を累次積分で表したものととらえよう．

$$\Gamma(\alpha)\Gamma(\beta) = \int_0^\infty x^{\alpha-1} e^{-x} dx \int_0^\infty y^{\beta-1} e^{-y} dy$$
$$= \iint_D x^{\alpha-1} y^{\beta-1} e^{-x-y} dx\, dy$$

このとき $D = \{(x,y) \mid x \geqq 0, y \geqq 0\}$ となる．ここで変数変換

$$\begin{cases} x = st \\ y = s(1-t) \end{cases}$$

を行う．まず変換のヤコビアンを計算すると，

$$\frac{\partial(x,y)}{\partial(s,t)} = \begin{vmatrix} t & s \\ 1-t & -s \end{vmatrix} = -s$$

となる．D に対応する (s,t) の領域は，不等式 $st \geqq 0$, $s(1-t) \geqq 0$ を解いて，$\Omega = \{(s,t) \mid s \geqq 0, 0 \leqq t \leqq 1\}$ となることが分かる．したがって

$$\begin{aligned}
\Gamma(\alpha)\Gamma(\beta) &= \iint_\Omega (st)^{\alpha-1}(s(1-t))^{\beta-1}e^{-s}|-s|\,ds\,dt \\
&= \iint_\Omega s^{\alpha+\beta-1}t^{\alpha-1}(1-t)^{\beta-1}e^{-s}\,ds\,dt \\
&= \int_0^\infty ds \int_0^1 s^{\alpha+\beta-1}e^{-s}t^{\alpha-1}(1-t)^{\beta-1}\,dt \\
&= \int_0^\infty s^{\alpha+\beta-1}e^{-s}\,ds \int_0^1 t^{\alpha-1}(1-t)^{\beta-1}\,dt \\
&= \Gamma(\alpha+\beta)B(\alpha,\beta)
\end{aligned}$$

となる． ■

7.5 体積・曲面積

体積

2 変数関数の積分はその定義から，体積を計算するのに用いられることが分かる．

例 7.7 球体 $x^2+y^2+z^2 \leqq a^2$ $(a>0)$ の体積を求めよ．

解 $x^2+y^2+z^2 = a^2$ を z に関して解くと，$z = \pm\sqrt{a^2-x^2-y^2}$ となる．このことからこの球体は，関数 $f(x,y) = \sqrt{a^2-x^2-y^2}$ のグラフと関数 $g(x,y) = -\sqrt{a^2-x^2-y^2}$ のグラフとに囲まれた立体であることが分かる．またこれらのグラフは，ともに xy-平面の閉領域 $D = \{(x,y) \mid x^2+y^2 \leqq a^2\}$ 上で考えている．

したがってこの球体の体積 V は，

$$V = \iint_D (f(x,y) - g(x,y))\,dx\,dy$$

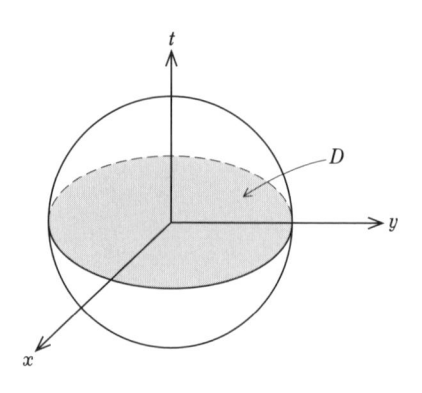

図 **7.19**

$$= 2\iint_D \sqrt{a^2 - x^2 - y^2}\,dx\,dy$$

で与えられる．極座標変換を用いると，D に対応する (r,θ)-平面の閉領域は $\Omega = \{(r,\theta) \mid 0 \leqq r \leqq a,\, 0 \leqq \theta \leqq 2\pi\}$ となるので，

$$\begin{aligned}
V &= 2\iint_\Omega \sqrt{a^2 - (r\cos\theta)^2 - (r\sin\theta)^2}\, r\,dr\,d\theta \\
&= 2\int_0^{2\pi} d\theta \int_0^a \sqrt{a^2 - r^2}\, r\,dr \\
&= 2\int_0^{2\pi} d\theta \left[-\frac{1}{3}(a^2 - r^2)^{\frac{3}{2}}\right]_{r=0}^{r=a} \\
&= 2\int_0^{2\pi} d\theta\, \frac{a^3}{3} \\
&= \frac{4}{3}\pi a^3
\end{aligned}$$

となる． ∎

このように 2 変数関数の重積分を用いて立体の体積を計算するときには，その立体を囲む曲面をグラフ $z = f(x,y)$ として与える関数 $f(x,y)$ を見つけることと，その立体に対応する xy-平面の閉領域 D を見つけることが必要である．

曲面積

関数 $f(x,y)$ のグラフ $S = \{(x,y,z) \mid z = f(x,y), (x,y) \in D\}$ として与えられる曲面の面積を，次のように定義する．

重積分の定義のときと同様に，D に網目を入れ，各小長方形 Δ_{ij} 内に 1 点 (p_{ij}, q_{ij}) をとる．S の $(p_{ij}, q_{ij}, f(p_{ij}, q_{ij}))$ における接平面 L のうち，xy-平面への射影が Δ_{ij} となる部分を L_{ij} とおく．L_{ij} は平面 L の中の平行四辺形となる．L_{ij} の面積 $m(L_{ij})$ を (i,j) に関して足し合わせたもの

$$\sum_{i,j} m(L_{ij})$$

を曲面積の近似値と考えるのは自然であろう．

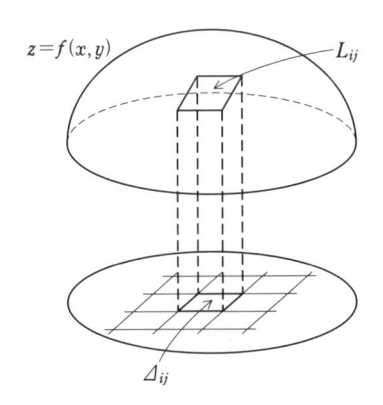

図 7.20

$m(L_{ij})$ は次のように計算される．L と xy-平面のなす角を θ とすると，θ は L と xy-平面それぞれの法ベクトルのなす角に等しい．定理 6.6 (接平面) より L の法ベクトルは $\vec{n} = (f_x(p_{ij}, q_{ij}), f_y(p_{ij}, q_{ij}), -1)$ で与えられ，また xy-平面の法ベクトルは $\vec{e}_3 = (0,0,1)$ で与えられるので，

$$\cos\theta = \frac{(\vec{n}, \vec{e}_3)}{\|\vec{n}\| \cdot \|\vec{e}_3\|} = \frac{-1}{\sqrt{1 + f_x(p_{ij}, q_{ij})^2 + f_y(p_{ij}, q_{ij})^2}}$$

となる．ただし $\|\vec{v}\|$ はベクトル $\vec{v}$ の長さを表す．

すると $m(L_{ij})|\cos\theta| = m(\Delta_{ij})$ が成り立つので，

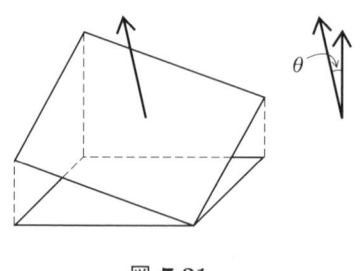

図 **7.21**

$$m(L_{ij}) = \sqrt{1 + f_x(p_{ij}, q_{ij})^2 + f_y(p_{ij}, q_{ij})^2}\, m(\Delta_{ij})$$

を得る．これらの和を考えてみると，

$$\sum_{i,j} \sqrt{1 + f_x(p_{ij}, q_{ij})^2 + f_y(p_{ij}, q_{ij})^2}\, m(\Delta_{ij})$$

となり，これは関数 $\sqrt{1 + f_x(x,y)^2 + f_y(x,y)^2}$ に対する Riemann 和になっている．したがって網目の巾を 0 に限りなく近づけると，この和の値は

$$\iint_D \sqrt{1 + f_x(x,y)^2 + f_y(x,y)^2}\, dx\, dy \tag{7.18}$$

に収束する．そこで (7.18) を曲面 $S = \{\,(x,y,z) \mid z = f(x,y), (x,y) \in D\,\}$ の面積と定義するのである．

例 7.8 球面 $x^2 + y^2 + z^2 = a^2\ (a > 0)$ の面積を求めよ．

解 球面の上半分は，関数 $f(x,y) = \sqrt{a^2 - x^2 - y^2}$ の閉領域 $D = \{\,(x,y) \mid x^2 + y^2 \leqq a^2\,\}$ 上のグラフとして与えられるので，(7.18) を適用することができる．

$$f_x(x,y) = \frac{-x}{\sqrt{a^2 - x^2 - y^2}}, \quad f_y(x,y) = \frac{-y}{\sqrt{a^2 - x^2 - y^2}}$$

より

$$\sqrt{1 + f_x(x,y)^2 + f_y(x,y)^2} = \frac{a}{\sqrt{a^2 - x^2 - y^2}}$$

となる．したがって求める面積 A は

$$A = 2\iint_D \frac{a}{\sqrt{a^2-x^2-y^2}}\,dx\,dy$$

で与えられる. 極座標変換を用いると, $\Omega = \{\,(r,\theta) \mid 0 \leqq r \leqq a, 0 \leqq \theta \leqq 2\pi\,\}$ として

$$\begin{aligned}
A &= 2\iint_\Omega \frac{a}{\sqrt{a^2-r^2}}\,r\,dr\,d\theta \\
&= 2a \int_0^{2\pi} d\theta \int_0^a \frac{r}{\sqrt{a^2-r^2}}\,dr \\
&= 2a \int_0^{2\pi} d\theta \left[-\sqrt{a^2-r^2}\right]_{r=0}^{r=a} \\
&= 2a \int_0^{2\pi} d\theta \cdot a \\
&= 4\pi a^2
\end{aligned}$$

となる. ∎

7.6　3 変数関数の積分

n 変数関数の積分 (n 重積分) は, 2 変数関数の場合を自然に拡張することで定義される. ここでは応用上よく現れる 3 変数関数の積分 (3 重積分) について, その計算法を説明する.

xyz-空間の有界閉領域 D 上の 3 変数関数 $f(x,y,z)$ の積分を

$$\iiint_D f(x,y,z)\,dx\,dy\,dz \tag{7.19}$$

で表す. $f(x,y,z) \equiv 1$ のときは, これは D の体積 $v(D)$ を与える.

$$\iiint_D 1\,dx\,dy\,dz = v(D) \tag{7.20}$$

(7.19) も基本的に累次積分により計算される. D の形状によりいろいろな場合があるが, たとえば D が

$$D = \{\,(x,y,z) \mid a \leqq x \leqq b,\, \varphi_1(x) \leqq y \leqq \varphi_2(x), \psi_1(x,y) \leqq z \leqq \psi_2(x,y)\,\}$$

と表されるときには，累次積分は

$$\iiint_D f(x,y,z)\,dx\,dy\,dz = \int_a^b dx \int_{\varphi_1(x)}^{\varphi_2(x)} dy \int_{\psi_1(x,y)}^{\psi_2(x,y)} f(x,y,z)\,dz \quad (7.21)$$

となる．

変数変換もやはり重要な計算方法である．

$$\begin{cases} x = x(s,t,u) \\ y = y(s,t,u) \\ z = z(s,t,u) \end{cases} \quad (7.22)$$

で与えられる変数変換を考える．この変換のヤコビアンは

$$\frac{\partial(x,y,z)}{\partial(s,t,u)}(s,t,u) = \begin{vmatrix} x_s(s,t,u) & x_t(s,t,u) & x_u(s,t,u) \\ y_s(s,t,u) & y_t(s,t,u) & y_u(s,t,u) \\ z_s(s,t,u) & z_t(s,t,u) & z_u(s,t,u) \end{vmatrix} \quad (7.23)$$

となる．この変数変換により xyz-空間の閉領域 D と stu-空間の閉領域 Ω が $1:1$ に対応しているとすると，3重積分に対する変数変換の公式

$$\begin{aligned}&\iiint_D f(x,y,z)\,dx\,dy\,dz \\ &= \iiint_\Omega f(x(s,t,u), y(s,t,u), z(s,t,u)) \left|\frac{\partial(x,y,z)}{\partial(s,t,u)}\right| ds\,dt\,du \quad (7.24)\end{aligned}$$

が成り立つ．

よく用いられる変数変換を二つあげておこう．一つは極座標変換で，

$$\begin{cases} x = r\sin\theta\cos\varphi \\ y = r\sin\theta\sin\varphi \\ z = r\cos\theta \end{cases} \quad (7.25)$$

で与えられる．ここで変数 (r,θ,φ) は，通常

$$0 \leqq r, \quad 0 \leqq \theta \leqq \pi, \quad 0 \leqq \varphi \leqq 2\pi$$

の範囲を動くとする．極座標変換 (7.25) のヤコビアンを計算しよう．

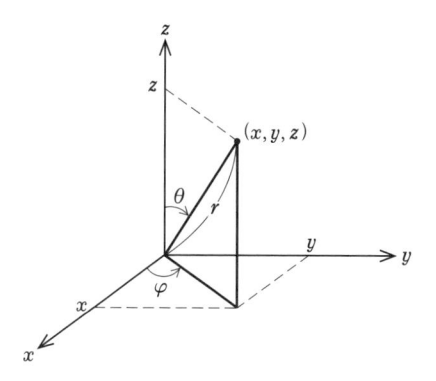

図 7.22

$$\frac{\partial(x,y,z)}{\partial(r,\theta,\varphi)} = \begin{vmatrix} \frac{\partial}{\partial r}(r\sin\theta\cos\varphi) & \frac{\partial}{\partial \theta}(r\sin\theta\cos\varphi) & \frac{\partial}{\partial \varphi}(r\sin\theta\cos\varphi) \\ \frac{\partial}{\partial r}(r\sin\theta\sin\varphi) & \frac{\partial}{\partial \theta}(r\sin\theta\sin\varphi) & \frac{\partial}{\partial \varphi}(r\sin\theta\sin\varphi) \\ \frac{\partial}{\partial r}(r\cos\theta) & \frac{\partial}{\partial \theta}(r\cos\theta) & \frac{\partial}{\partial \varphi}(r\cos\theta) \end{vmatrix}$$

$$= \begin{vmatrix} \sin\theta\cos\varphi & r\cos\theta\cos\varphi & -r\sin\theta\sin\varphi \\ \sin\theta\sin\varphi & r\cos\theta\sin\varphi & r\sin\theta\cos\varphi \\ \cos\theta & -r\sin\theta & 0 \end{vmatrix}$$

$$= r^2 \sin\theta \tag{7.26}$$

したがってこの場合の変数変換の公式は，$0 \leqq \theta \leqq \pi$ の範囲では $\sin\theta \geqq 0$ であることに注意すると，

$$\iiint_D f(x,y,z)\,dx\,dy\,dz$$
$$= \iiint_\Omega f(r\sin\theta\cos\varphi, r\sin\theta\sin\varphi, r\cos\theta)\, r^2 \sin\theta\, dr\, d\theta\, d\varphi \tag{7.27}$$

となることが分かる．

もう一つは円筒座標への変換で，

$$\begin{cases} x = r\cos\theta \\ y = r\sin\theta \\ z = z \end{cases} \tag{7.28}$$

で与えられる．

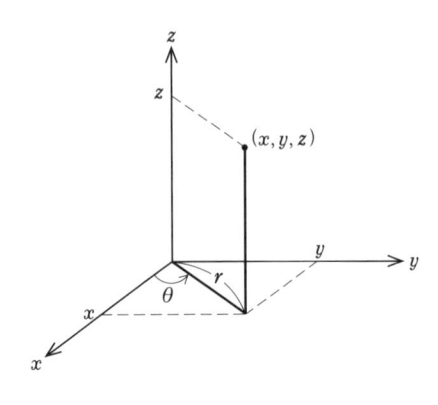

図 7.23

この変換のヤコビアンは r となることが分かるので，変数変換の公式は
$$\iiint_D f(x,y,z)\,dx\,dy\,dz = \iiint_\Omega f(r\cos\theta, r\sin\theta, z)\,r\,dr\,d\theta\,dz \quad (7.29)$$
となる．

問 7.4 (7.20) を用いて，球の体積を計算せよ．

問題 7

1. 次の重積分の値を求めよ．
   (1) $\iint_D (x^2 + xy + y^2)\,dx\,dy$,
   $D = \{(x,y) \mid 0 \leqq x \leqq a, 0 \leqq y \leqq b\}$ $(a > 0, b > 0)$
   (2) $\iint_D (x^2 + xy + y^2)\,dx\,dy$, $D : y = x$ と $y = x^2$ で囲まれる領域
   (3) $\iint_D (1-x)^3(1-y)^2\,dx\,dy$, $D = \{(x,y) \mid 0 \leqq y \leqq 1, y \leqq x \leqq 1\}$

(4) $\iint_D \sin(x+y)\,dx\,dy, \quad D = \left\{(x,y) \mid 0 \leqq x \leqq \dfrac{\pi}{2}, 0 \leqq y \leqq x\right\}$

(5) $\iint_D \sqrt{x^2-y^2}\,dx\,dy, \quad D = \{(x,y) \mid 0 \leqq y \leqq x \leqq 1\}$

2. 次の積分の順序を交換せよ．

(1) $\displaystyle\int_0^1 dx \int_0^x f(x,y)\,dy$

(2) $\displaystyle\int_1^2 dy \int_{\frac{1}{y}}^1 f(x,y)\,dx$

(3) $\displaystyle\int_{-a}^a dx \int_0^{\sqrt{a^2-x^2}} f(x,y)\,dy \quad (a>0)$

(4) $\displaystyle\int_0^1 dy \int_y^{2-y} f(x,y)\,dx$

3. 次の重積分の値を求めよ．

(1) $\iint_D (x^2+xy)\,dx\,dy, \quad D = \{(x,y) \mid x^2+y^2 \leqq 1,\, x \geqq 0,\, y \geqq 0\}$

(2) $\iint_D \sqrt{1-x^2-y^2}\,dx\,dy,$
$D = \{(x,y) \mid x^2+y^2 \leqq a^2,\, x \geqq 0\} \quad (0 < a < 1)$

(3) $\iint_D \log(1+x^2+y^2)\,dx\,dy, \quad D = \{(x,y) \mid x^2+y^2 \leqq 1,\, y \geqq 0\}$

(4) $\iint_D \sin x\,dx\,dy, \quad D = \left\{(x,y) \mid 0 \leqq x+y \leqq \dfrac{\pi}{2},\, 0 \leqq x-y \leqq \dfrac{\pi}{2}\right\}$

(5) $\iint_D xy\,dx\,dy, \quad D = \left\{(x,y) \mid \dfrac{x^2}{a^2}+\dfrac{y^2}{b^2} \leqq 1,\, x \geqq 0,\, y \geqq 0\right\}$

4. 次の体積を求めよ．

(1) xy-平面，yz-平面，zx-平面および平面 $x+2y+3z=6$ で囲まれた立体．

(2) 半径 $a\ (a>0)$ の円を底とする，高さ $h\ (h>0)$ の直円錐．

(3) 球体 $x^2+y^2+z^2 \leqq a^2\ (a>0)$ の，円柱 $x^2+y^2=ax$ の内部にある部分．

(4) $a>c>0$ とする．曲面 $(\sqrt{x^2+y^2}-a)^2+z^2=c^2$ で囲まれる立体．

5. 次の曲面積を求めよ．

(1) 曲面 $x^2+y^2+z=1$ の $z \geqq 0$ の部分．

(2) 球面 $x^2+y^2+z^2=a^2\ (a>0)$ の，円柱 $x^2+y^2=ax$ の内部にある部分．

(3) 楕円面 $x^2+y^2+\dfrac{z^2}{c^2}=1\ (c>1)$ の表面積．

6. 次の 3 重積分を求めよ．

(1) $\iiint_D (x^2 + y^2 + z^2)\,dx\,dy\,dz,$
$D = \{(x, y, z) \mid x^2 + y^2 + z^2 \leqq a^2\}$ $(a > 0)$

(2) $\iiint_D \dfrac{1}{\sqrt{x^2 + y^2 + z^2}}\,dx\,dy\,dz,$
$D = \{(x, y, z) \mid x^2 + y^2 + z^2 \leqq a^2\}$ $(a > 0)$

付録

1. 第 2 章 2.1 節　例 2.3 の証明

(i) $y = \dfrac{1}{x}$ のグラフを考える.

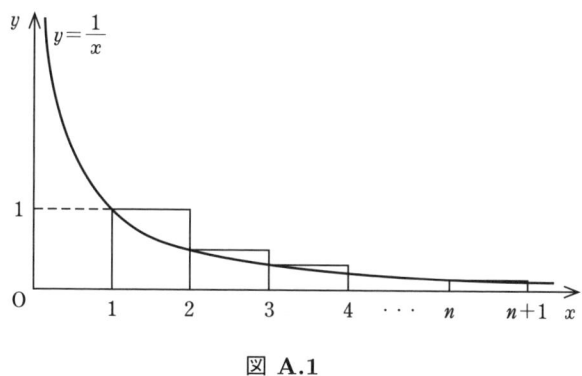

図 **A.1**

図のように級数 $\displaystyle\sum_{n=1}^{\infty} \dfrac{1}{n}$ の部分和

$$S_n = \sum_{k=1}^{n} \dfrac{1}{k}$$

を面積ととらえて, $y = \dfrac{1}{x}$ のグラフと x 軸の間の $1 \leqq x \leqq n+1$ の部分の面積と比較することで,

$$S_n \geqq \int_1^{n+1} \frac{dx}{x} = \log(n+1)$$

を得る．$\lim_{n \to \infty} \log(n+1) = \infty$ となるので，数列 $\{S_n\}$ は発散する．これは級数 $\sum_{n=1}^{\infty} \frac{1}{n}$ が発散することを意味する．

(ii) (i) と同様に，$y = \dfrac{1}{x^s}$ のグラフと比較することで，

$$\begin{aligned}
S_n &= \sum_{k=1}^n \frac{1}{k^s} \\
&= 1 + \int_1^n \frac{dx}{x^s} \\
&= 1 + \left[\frac{1}{1-s} \cdot \frac{1}{x^{s-1}} \right]_1^n \\
&= 1 + \frac{1}{s-1}\left(1 - \frac{1}{n^{s-1}}\right) \\
&\leqq \frac{s}{s-1}
\end{aligned}$$

を得る．

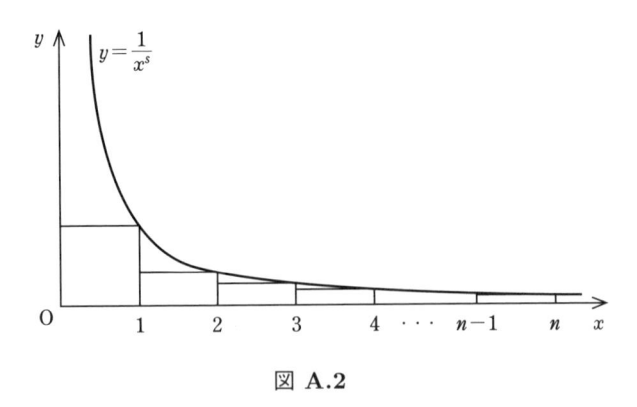

図 **A.2**

よって部分和による数列 $\{S_n\}$ は上に有界であり，また $\{S_n\}$ は明らかに単調増加なので，定理 2.3 により収束する．これは $\sum_{n=1}^{\infty} \frac{1}{n^s}$ の収束を意味する．

(iii) $n = 1, 2, \cdots$ に対して $n! \geqq 2^{n-1}$ が成り立つので, $\dfrac{1}{n!} \leqq \dfrac{1}{2^{n-1}}$, したがって

$$\begin{aligned}
S_n &= \sum_{k=0}^{n} \frac{1}{k!} \\
&= 1 + \sum_{k=1}^{n} \frac{1}{k!} \\
&\leqq 1 + \sum_{k=1}^{n} \frac{1}{2^{k-1}} \\
&\leqq 1 + \sum_{k=1}^{\infty} \frac{1}{2^{k-1}} \\
&= 1 + 2 = 3
\end{aligned}$$

となる. よって部分和による数列 $\{S_n\}$ は上に有界であり, また $\{S_n\}$ は明らかに単調増加なので, 定理 2.3 により収束する. これは $\sum_{n=1}^{\infty} \dfrac{1}{n!}$ の収束を意味する.

2. 第 2 章 2.3 節　級数による指数関数に定義について

e^x を (2.16) で定義する. すなわち

$$e^x = 1 + \sum_{n=1}^{\infty} \frac{x^n}{n!}$$

まずこの級数がすべての実数 x に対して収束することを示そう.

まず $x > 0$ を一つとり固定する. x がどんなに大きな数であっても, $x \leqq \dfrac{N}{2}$ となる整数 N がとれる. $n > N$ に対して

$$\begin{aligned}
\frac{x^n}{n!} &= \frac{x \cdot x \cdots x \cdot x \cdots x}{1 \cdot 2 \cdots N \cdot (N+1) \cdots n} \\
&< \frac{x^N}{N!} \cdot \frac{x}{N+1} \cdot \frac{x}{N+2} \cdots \frac{x}{n} \\
&< \frac{x^N}{N!} \left(\frac{1}{2}\right)^{n-N} \\
&= \frac{2^N x^N}{N!} \frac{1}{2^n}
\end{aligned}$$

が成り立つので，

$$\begin{aligned} S_n &= \sum_{k=0}^{n} \frac{x^k}{k!} \\ &= \sum_{k=0}^{N} \frac{x^k}{k!} + \sum_{k=N+1}^{n} \frac{x^k}{k!} \\ &< \sum_{k=0}^{N} \frac{x^k}{k!} + \frac{2^N x^N}{N!} \sum_{k=N+1}^{n} \frac{1}{2^n} \\ &< \sum_{k=0}^{N} \frac{x^k}{k!} + \frac{2^N x^N}{N!} \sum_{k=1}^{\infty} \frac{1}{2^n} \\ &= \sum_{k=0}^{N} \frac{x^k}{k!} + \frac{2^N x^N}{N!} \end{aligned}$$

となり，部分和による数列 $\{S_n\}$ は上に有界となる．$\{S_n\}$ は単調増加であるので，定理 2.3 により収束することが分かる．したがって $x > 0$ に対する収束は示された．$x < 0$ の場合は，一般に $\sum_{n=0}^{\infty} |a_n|$ が収束すれば $\sum_{n=0}^{\infty} a_n$ も収束するという事実が成り立つので，$x > 0$ の場合の収束に帰着する．

加法定理 (2.14) を示そう．二項定理を用いると，

$$\begin{aligned} e^{x+y} &= \sum_{n=0}^{\infty} \frac{(x+y)^n}{n!} \\ &= \sum_{n=1}^{\infty} \frac{1}{n!} \sum_{k=0}^{n} \binom{n}{k} x^{n-k} y^k \\ &= \sum_{n=0}^{\infty} \sum_{k=0}^{n} \frac{x^{n-k} y^k}{(n-k)!k!} \end{aligned}$$

となる．ここで $\sum_{n=0}^{\infty} \sum_{k=0}^{n}$ は，n が 0 以上の整数を動き，各 n に対して k が 0 から n までの整数を動くときの和を表すが，図 A.3 のように k が 0 以上の整数を動き，各 k に対して n が k 以上の整数を動くときの和と考えることもできる．

すると，

$$e^{x+y} = \sum_{k=0}^{\infty} \sum_{n=k}^{\infty} \frac{x^{n-k} y^k}{(n-k)!k!}$$

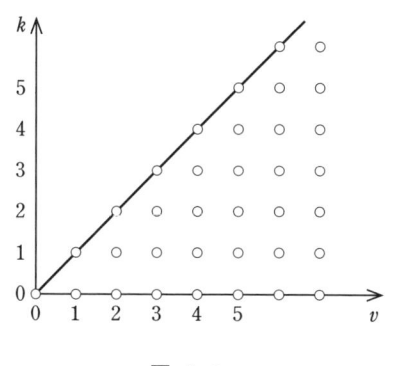

図 A.3

$$
\begin{aligned}
&= \sum_{k=0}^{\infty} \frac{y^k}{k!} \sum_{n=k}^{\infty} \frac{x^{n-k}}{(n-k)!} \\
&= \sum_{k=0}^{\infty} \frac{y^k}{k!} \sum_{m=0}^{\infty} \frac{x^m}{m!} \\
&= \sum_{k=0}^{\infty} \frac{y^k}{k!} \cdot e^x \\
&= e^x e^y
\end{aligned}
$$

となり，加法定理が示される．以上の計算は無限和をそのまま扱っているので形式的なものであるが，e^x, e^y, e^{x+y} がいずれも収束することから，正しい結果であることが理論的に保証される．加法定理が示されたので，(2.15) も成り立つことが分かる．

加法定理を用いると，$e^2 = e^{1+1} = e^1 e^1 = e \times e$，$e^3 = e^{2+1} = e^2 e^1 = e \times e \times e$ というように，一般に自然数 n に対して

$$
e^n = \underbrace{e \times e \times \cdots \times e}_{n \text{ 個}}
$$

が成り立つことが分かる．また $\left(e^{\frac{1}{2}}\right)^2 = e^{\frac{1}{2} + \frac{1}{2}} = e^1 = e$ になるが，定義よりただちに $e^x > 0 \ (x \geqq 0)$ が分かるので，$e^{\frac{1}{2}} = \sqrt{e}$ を得る．同様にして自然数 n に対して

$$e^{\frac{1}{n}} = \sqrt[n]{e}$$

が成り立つことが分かる．これらのことから，有理数 x に対しては，(2.16) で定義した e^x は e の x 乗という通常の定義と一致することが分かる．

(2.13) については，$e^x \geqq 1 + x$ より

$$\lim_{x \to \infty} e^x \geqq \lim_{x \to \infty} (1 + x) = \infty$$

および (2.15) を用いた

$$\lim_{x \to -\infty} e^x = \lim_{x \to \infty} e^{-x} = \lim_{x \to \infty} \frac{1}{e^x} = 0$$

により示される．$x > 0$ のとき $e^x > 0$ となることは上でも触れたが，(2.15) を用いると，$x < 0$ のときは

$$e^x = \frac{1}{e^{-x}} > 0$$

となるので，すべての実数 x に対して $e^x > 0$ であることが分かった．このことと (2.13) により，e^x の値域が $(0, \infty)$ であることが示される．

3. 第 3 章 3.2 節　定理 3.9 (Taylor の定理) の証明

多少込み入っているが，補題 3.7 に帰着させて証明する．

$x \neq a$ となる x を一つとり固定する．以下の証明では x は固定された数 (定数) として扱う．t を変数とする関数 $F(t)$ を次のように定める．

$$F(t) = f(x) - \sum_{k=0}^{n-1} \frac{(x-t)^k}{k!} f^{(k)}(t) - \frac{(x-t)^n}{n!} K$$

ここで K は，$F(a) = 0$ となるように定められた定数である．具体的には

$$K = \frac{n!}{(x-a)^n} \left(f(x) - \sum_{k=0}^{n-1} \frac{(x-a)^k}{k!} f^{(k)}(a) \right)$$

とおけばよい．明らかに $F(x) = 0$ も成り立つので，補題 3.7 により，x と a の間に $F'(c) = 0$ となるような点 c が存在する．一方

$$F'(t) = -\left(f'(t) + \sum_{k=1}^{n-1} \left(-\frac{(x-t)^{k-1}}{(k-1)!} f^{(k)}(t) + \frac{(x-t)^k}{k!} f^{(k+1)}(t) \right) \right)$$

$$+ \frac{(x-t)^{n-1}}{(n-1)!}K$$
$$= -\frac{(x-t)^{n-1}}{(n-1)!}(f^{(n)}(t) - K)$$

となるので，$F'(c) = 0$ より

$$K = f^{(n)}(c)$$

を得る．これを $F(a) = 0$ に代入すると (3.18), (3.19) を得る．∎

4. 第3章 3.2節 Taylor の定理における誤差項の積分を用いた表現

定理 3.9 における誤差項 $R_n(x, a)$ は，次のように積分を用いても表すことができる．

$$R_n(x, a) = \frac{1}{(n-1)!} \int_a^x (x-t)^{n-1} f^{(n)}(t)\, dt \tag{A.1}$$

証明 部分積分により，

$$\int_a^x (x-t)^{n-1} f^{(n)}(t)\, dt = [(x-t)^{n-1} f^{(n-1)}(t)]_a^x$$
$$+ (n-1) \int_a^x (x-t)^{n-2} f^{(n-1)}(t)\, dt$$
$$= -(x-a)^{n-1} f^{(n-1)}(a)$$
$$+ (n-1) \int_a^x (x-t)^{n-2} f^{(n-1)}(t)\, dt$$

となる．右辺の積分にさらに部分積分を行い，この操作を繰り返していくと，

$$\frac{1}{(n-1)!} \int_a^x (x-t)^{n-1} f^{(n)}(t)\, dt = -\frac{f^{(n-1)}(a)}{(n-1)!}(x-a)^{n-1}$$
$$- \frac{f^{(n-2)}(a)}{(n-2)!}(x-a)^{n-2} - \cdots$$
$$- \frac{f'(a)}{1!}(x-a) + \int_a^x f'(t)\, dt$$
$$= -\frac{f^{(n-1)}(a)}{(n-1)!}(x-a)^{n-1}$$

$$-\frac{f^{(n-2)}(a)}{(n-2)!}(x-a)^{n-2}-\cdots$$
$$-\frac{f'(a)}{1!}(x-a)+f(x)-f(a)$$

となるので，
$$f(x) = f(a) + \frac{f'(a)}{1!}(x-a) + \cdots + \frac{f^{(n-1)}(a)}{(n-1)!}(x-a)^{n-1}$$
$$+ \frac{1}{(n-1)!}\int_a^x (x-t)^{n-1} f^{(n)}(t)\,dt$$

を得る．■

5. 第3章 3.3節　Machin の公式の証明に用いる (3.33) の証明

$\alpha = \tan^{-1}\frac{1}{5}$ とする．このとき $\tan\alpha = \frac{1}{5}$ なので，

$$\tan 2\alpha = \frac{2\tan\alpha}{1-\tan^2\alpha} = \frac{5}{12}$$
$$\tan 4\alpha = \frac{2\tan 2\alpha}{1-\tan^2 2\alpha} = \frac{120}{119}$$

となり，4α は $\frac{\pi}{4}$ に近い数と考えられる．さてそこで $4\alpha - \frac{\pi}{4}$ を考えると，

$$\tan\left(4\alpha - \frac{\pi}{4}\right) = \frac{\tan 4\alpha - 1}{\tan 4\alpha + 1} = \frac{1}{239}$$

が得られる．したがって

$$4\alpha - \frac{\pi}{4} = \tan^{-1}\frac{1}{239}$$

となり，$\alpha = \tan^{-1}\frac{1}{5}$ であったので，(3.33) が成り立つことが示された．■

6. 第4章 4.2節　定理 4.2 (iv) の後半の証明

(iv) の後半を考えよう．区間 $[a,b]$ で $f(x) \leqq g(x)$ とし，さらに $g(x_0) > f(x_0)$ となる点 x_0 があったとする．このとき (iv) の不等式で等号が成立しないことを示せばよい．

$g(x_0) - f(x_0) = m > 0$ とおく. $f(x), g(x)$ が連続であることから, x_0 を含むある区間 $[c, d]$ でつねに $g(x) \geqq f(x) + \dfrac{m}{2}$ となっている.

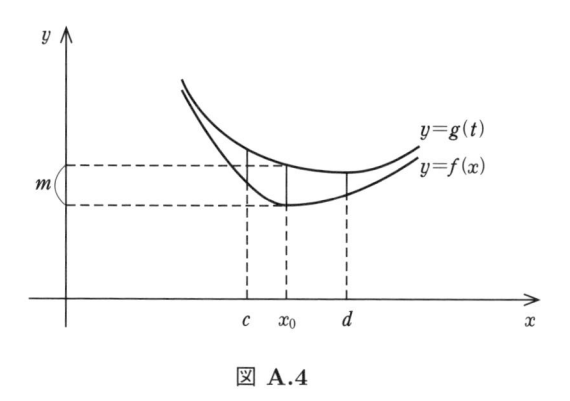

図 **A.4**

したがってこのとき (iii) と (iv) の前半を用いると,

$$\int_a^b g(x)\,dx = \int_a^c g(x)\,dx + \int_c^d g(x)\,dx + \int_d^b g(x)\,dx$$

$$\geqq \int_a^c f(x)\,dx + \int_c^d \left(f(x) + \frac{m}{2}\right) dx + \int_d^b f(x)\,dx$$

$$= \int_a^b f(x)\,dx + \frac{m}{2}(d - c)$$

$$> \int_a^b f(x)\,dx$$

となり, (iv) の不等式で等号が成立しないことになる. ∎

7. 第 4 章 4.4 節　有理関数の不定積分についての補遺

$b^2 - 4c < 0$ のときの, 不定積分 $\displaystyle\int \frac{Bx + C}{(x^2 + bx + c)^n}\,dx$ について考える.

$$x^2 + bx + c = \frac{4c - b^2}{4}\left\{\left(\frac{2}{\sqrt{4c - b^2}}\left(x + \frac{b}{2}\right)\right)^2 + 1\right\}$$

であるので, $t = \dfrac{2}{\sqrt{4c - b^2}}\left(x + \dfrac{b}{2}\right)$ と置換積分することで

$$\frac{x}{(x^2+1)^n}, \quad \frac{1}{(x^2+1)^n}$$

の不定積分に帰着する．前者については，$t = x^2$ という置換積分を考えて，

$$\int \frac{x}{(x^2+1)^n}\,dx = \frac{1}{2}\int \frac{dt}{(t+1)^n}$$

$$= \begin{cases} -\dfrac{1}{2(n-1)}\cdot\dfrac{1}{(x^2+1)^{n-1}} & (n>1) \\ \dfrac{1}{2}\log(x^2+1) & (n=1) \end{cases}$$

となる．後者については，

$$I_n = \int \frac{dx}{(x^2+1)^n} \qquad (n=1,2,3,\cdots)$$

とおき，I_n についての漸化式を与えよう．$n>1$ とする．例 4.1 (4) と同様に部分積分を考えることで，

$$\begin{aligned} I_n &= \int \frac{x^2+1-x^2}{(x^2+1)^n}\,dx \\ &= I_{n-1} - \int x \cdot \frac{x}{(x^2+1)^n}\,dx \\ &= I_{n-1} + \frac{1}{2(n-1)}\int x\left(\frac{1}{(x^2+1)^{n-1}}\right)'dx \\ &= I_{n-1} + \frac{1}{2(n-1)}\left\{\frac{x}{(x^2+1)^{n-1}} - \int \frac{dx}{(x^2+1)^{n-1}}\right\} \\ &= \frac{1}{2(n-1)}\cdot\frac{2}{(x^2+1)^{n-1}} + \frac{2n-3}{2(n-1)}I_{n-1} \end{aligned}$$

が得られる．$I_1 = \tan^{-1}x + C$ なので，上の漸化式を繰り返し用いることで I_n が計算される．

8.　第 4 章 4.4 節　無理関数の不定積分の補遺

$f(x, \sqrt{ax^2+bx+c})$ の不定積分を考える．

$a > 0$ のときは，

$$\sqrt{ax^2+bx+c} = t - \sqrt{a}\,x$$

とおくと，$x = \dfrac{t^2 - c}{2\sqrt{a}t + b}$ となるので，t についての有理関数の不定積分に帰着する．

$a < 0$ のときは，$\sqrt{}$ の中がつねに負となる場合は考えないため，$ax^2 + bx + c = 0$ が 2 つの実数解をもつと仮定する．すなわち

$$ax^2 + bx + c = a(x - \alpha)(x - \beta) \qquad (\alpha < \beta)$$

とする．すると

$$\sqrt{ax^2 + bx + c} = \sqrt{-a}\sqrt{(x - \alpha)(\beta - x)}$$
$$= \sqrt{-a}(\beta - x)\sqrt{\dfrac{x - \alpha}{\beta - x}}$$

と変形できるので，本文で扱った $f\left(x, \sqrt{\dfrac{ax + b}{cx + d}}\right)$ の場合に帰着する．

以上は一般に通用するテクニックであるが，特別な 2 次式の場合にはより適切な置換積分があることもある．たとえば $\sqrt{a^2 - x^2}$，$\sqrt{x^2 - a^2}$，$\sqrt{x^2 + a^2}$ が現れた場合は，それぞれ

$$x = a\sin t, \quad x = \dfrac{a}{\cos t}, \quad x = a\tan t$$

による置換積分も有効である．

9. 第 6 章 6.3 節　定理 6.4 の証明

$$f(x, y) = f(a, b) + f_x(a, b)(x - a) + f_y(a, b)(y - b) + \varepsilon \qquad (\text{A.2})$$

とおく．ε が (6.6) を満たすことを示せばよい．

$f(x, y)$ が x および y に関して偏微分可能であるので，それぞれの変数について 1 変数関数の平均値の定理 (定理 3.6) を適用することで，

$$f(x, y) - f(a, b) = f(x, y) - f(a, y) + f(a, y) - f(a, b)$$
$$= f_x(c, y)(x - a) + f_y(a, d)(y - b)$$

を得る．ここで c は x と a の間の数，d は y と b の間の数である．したがっ

て (A.2) で定められた ε は,
$$\varepsilon = (f_x(c,y) - f_x(a,b))(x-a) + (f_y(a,d) - f_y(a,b))(y-b)$$
と表されることになる．このとき
$$\left|\frac{\varepsilon}{\sqrt{(x-a)^2 + (y-b)^2}}\right| \leq |f_x(c,y) - f_x(a,b)|\frac{|x-a|}{\sqrt{(x-a)^2 + (y-b)^2}}$$
$$+ |f_y(a,d) - f_y(a,b)|\frac{|y-b|}{\sqrt{(x-a)^2 + (y-b)^2}}$$
$$\leq |f_x(c,y) - f_x(a,b)| + |f_y(a,d) - f_y(a,b)| \quad (A.3)$$
となる．$(x,y) \to (a,b)$ のとき自動的に $(c,y) \to (a,b)$, $(a,d) \to (a,b)$ となるので，このとき $f_x(x,y)$ および $f_y(x,y)$ の連続性により (A.3) の右辺は 0 に収束する．したがって ε について (6.6) が成り立つ． ■

10. 第 6 章 6.5 節　定理 6.8 の証明中の $\dfrac{z^{(m)}(0)}{m!}$ の計算

$z(t) = f(a + (x-a)t, b + (y-b)t)$ であった．見やすくするため，以下では $a + (x-a)t = u$, $b + (y-b)t = v$ とおくことにしよう．

合成関数の微分法 (定理 6.5) により
$$z'(t) = \frac{\partial f}{\partial x}(u,v) \cdot (x-a) + \frac{\partial f}{\partial y}(u,v) \cdot (y-b)$$
が分かる．同様にして
$$\frac{z^{(m)}(t)}{m!} = \sum_{k+l=m} \frac{1}{k!\,l!} \frac{\partial^m f}{\partial x^k \partial y^l}(u,v)\,(x-a)^k (y-b)^l \quad (A.4)$$
が成り立つのであるが，これを数学的帰納法で証明しよう．(A.4) の両辺を t で微分すると，右辺の微分には合成関数の微分法を適用することで
$$\frac{z^{(m+1)}(t)}{m!}$$
$$= \sum_{k+l=m} \frac{1}{k!\,l!} \left(\frac{\partial^{m+1} f}{\partial x^{k+1} \partial y^l}(u,v)\,(x-a)^{k+1}(y-b)^l \right.$$

$$
\begin{aligned}
&\quad + \frac{\partial^{m+1}f}{\partial x^k \partial y^{l+1}}(u,v)(x-a)^k(y-b)^{l+1}\Bigg)\\
&= \frac{1}{m!}\frac{\partial^{m+1}f}{\partial x^{m+1}}(u,v)(x-a)^{m+1}\\
&\quad + \sum_{\substack{k'+l'=m+1\\k'\geqq 1,\, l'\geqq 1}}\left(\frac{1}{(k'-1)!l'!}+\frac{1}{k'!(l'-1)!}\right)\frac{\partial^{m+1}f}{\partial x^{k'}\partial y^{l'}}(u,v)(x-a)^{k'}(y-b)^{l'}\\
&\quad + \frac{1}{m!}\frac{\partial^{m+1}f}{\partial y^{m+1}}(u,v)(y-b)^{m+1}
\end{aligned}
$$

を得る．ここで

$$\frac{1}{(k'-1)!l'!}+\frac{1}{k'!(l'-1)!}=\frac{k'+l'}{k'!l'!}=\frac{m+1}{k'!l'!}$$

に注意して，いま得られた式の両辺を $m+1$ で割ると，

$$
\begin{aligned}
\frac{z^{(m+1)}(t)}{(m+1)!} &= \frac{1}{(m+1)!}\frac{\partial^{m+1}f}{\partial x^{m+1}}(u,v)(x-a)^{m+1}\\
&\quad + \sum_{\substack{k+l=m+1\\k\geqq 1,\, l\geqq 1}}\frac{1}{k!l!}\frac{\partial^{m+1}f}{\partial x^k \partial y^l}(u,v)(x-a)^k(y-b)^l\\
&\quad + \frac{1}{(m+1)!}\frac{\partial^{m+1}f}{\partial y^{m+1}}(u,v)(y-b)^{m+1}\\
&= \sum_{k+l=m+1}\frac{1}{k!l!}\frac{\partial^{m+1}f}{\partial x^k \partial y^l}(u,v)(x-a)^k(y-b)^l
\end{aligned}
$$

となり，(A.4) の $m+1$ の場合が示された．

(A.4) に $t=0$ を代入すると，$(u,v)=(a,b)$ となるので，(6.18) の右辺の m に対応する項になることが分かる． ∎

問の解答

第 2 章

問 2.1 (1) 数学的帰納法で示す．$n = 1$ のとき，$a_1 > \sqrt{A}$ は成り立っている．$a_n > \sqrt{A}$ と仮定すると，相加相乗平均を考えて，

$$a_{n+1} = \frac{1}{2}\left(a_n + \frac{A}{a_n}\right) > \sqrt{a_n \cdot \frac{A}{a_n}} = \sqrt{A}$$

したがってすべての n について $a_n > \sqrt{A}$ が成り立つ．

(2)

$$a_n - a_{n+1} = a_n - \frac{a_n}{2} - \frac{A}{2a_n} = \frac{1}{2}\left(a_n - \frac{A}{a_n}\right)$$

(1) より $a_n > \sqrt{A}$, $\dfrac{A}{a_n} < \dfrac{A}{\sqrt{A}} = \sqrt{A}$ となるので，$a_n - a_{n+1} > 0$ となる．

問 2.2 $\log x = u, \log y = v$ とおく．すると (2.18) より $x = e^u, y = e^v$ となる．(2.14) を用いると $xy = e^u e^v = e^{u+v}$ となるので，(2.18) により $u + v = \log(xy)$ を得る．これは (2.22) を意味する．

問 2.3

x	-1	$-\dfrac{\sqrt{3}}{2}$	$-\dfrac{\sqrt{2}}{2}$	$-\dfrac{1}{2}$	0	$\dfrac{1}{2}$	$\dfrac{\sqrt{2}}{2}$	$\dfrac{\sqrt{3}}{2}$	1
$\sin^{-1} x$	$-\dfrac{\pi}{2}$	$-\dfrac{\pi}{3}$	$-\dfrac{\pi}{4}$	$-\dfrac{\pi}{6}$	0	$\dfrac{\pi}{6}$	$\dfrac{\pi}{4}$	$\dfrac{\pi}{3}$	$\dfrac{\pi}{2}$
$\cos^{-1} x$	π	$\dfrac{5}{6}\pi$	$\dfrac{3}{4}\pi$	$\dfrac{2}{3}\pi$	$\dfrac{\pi}{2}$	$\dfrac{\pi}{3}$	$\dfrac{\pi}{4}$	$\dfrac{\pi}{6}$	0

x	$-\sqrt{3}$	-1	$-\dfrac{\sqrt{3}}{3}$	0	$\dfrac{\sqrt{3}}{3}$	1	$\sqrt{3}$
$\tan^{-1} x$	$-\dfrac{\pi}{3}$	$-\dfrac{\pi}{4}$	$-\dfrac{\pi}{6}$	0	$\dfrac{\pi}{6}$	$\dfrac{\pi}{4}$	$\dfrac{\pi}{3}$

問 **2.4** (1) $\sin^{-1} x = y$ とおくと, $\sin y = x$, $-\frac{\pi}{2} \leqq y \leqq \frac{\pi}{2}$ である. このとき $0 \leqq \frac{\pi}{2} - y \leqq \pi$ であり,

$$\cos\left(\frac{\pi}{2} - y\right) = \sin y = x$$

したがって $\frac{\pi}{2} - y = \cos^{-1} x$.

(2) $\sin^{-1} x = y$ とおくと, $\sin y = x$, $-\frac{\pi}{2} \leqq y \leqq \frac{\pi}{2}$ である. このとき

$$\cos(\sin^{-1} x) = \cos y = \pm\sqrt{1 - \sin^2 y} = \pm\sqrt{1 - x^2}$$

であるが, 上述の y の範囲より $\cos y > 0$, したがって複号 $\pm$ は $+$ となる.

(3) $\tan^{-1} x = y$ とおくと $\tan y = x$ で, $x > 0$ も考え合わせると $0 < y < \frac{\pi}{2}$ となる.

$$\frac{1}{x} = \frac{\cos y}{\sin y} = \frac{\sin\left(\frac{\pi}{2} - y\right)}{\cos\left(\frac{\pi}{2} - y\right)} = \tan\left(\frac{\pi}{2} - y\right)$$

また $0 < \frac{\pi}{2} - y < \frac{\pi}{2}$, したがって $\tan^{-1} \frac{1}{x} = \frac{\pi}{2} - y$.

第 3 章

問 **3.1** まず $\left(\frac{1}{g}\right)' = -\frac{g'}{g^2}$ を示す. $g(a) \neq 0$ とするとき, $g(x)$ の連続性より a に十分近い x に対しても $g(x) \neq 0$ となる.

$$\frac{\frac{1}{g(x)} - \frac{1}{g(a)}}{x - a} = -\frac{1}{g(a)g(x)} \cdot \frac{g(x) - g(a)}{x - a}$$

ここで $x \to a$ とするとき, $g(x) \to g(a)$, $\frac{g(x) - g(a)}{x - a} \to g'(x)$ となるので, 右辺は $-\frac{g'(a)}{g(a)^2}$ に収束する.

次に定理 3.2 の (iii) を用いると,

$$\left(\frac{f}{g}\right)' = f' \cdot \frac{1}{g} + f \cdot \left(\frac{1}{g}\right)' = \frac{f'}{g} - \frac{fg'}{g^2} = \frac{f'g - fg'}{g^2}$$

となる.

問 3.2 $f(x) = \tan x$ とおく．(3.13) より $f'(x) = 1 + \tan^2 x$ となる．これを用いて，$f(x)$ の高階導関数を順次計算することができる．

$$f''(x) = 2\tan x(1 + \tan^2 x) = 2\tan x + 2\tan^3 x$$

$$f'''(x) = 2(1 + \tan^2 x) + 6\tan^2 x(1 + \tan^2 x)$$
$$= 2 + 8\tan^2 x + 6\tan^4 x$$

$$f^{(4)}(x) = 16\tan x(1 + \tan^2 x) + 24\tan^3 x(1 + \tan^2 x)$$
$$= 16\tan x + 40\tan^3 x + 24\tan^5 x$$

$$f^{(5)}(x) = 16(1 + \tan^2 x) + 120\tan^2 x(1 + \tan^2 x) + 120\tan^4 x(1 + \tan^2 x)$$
$$= 16 + 136\tan^2 x + 240\tan^4 x + 120\tan^6 x$$

これより $f(0) = f''(0) = f^{(4)}(0) = 0$, $f'(0) = 1$, $f'''(0) = 2$, $f^{(5)}(0) = 16$ となる．したがって

$$\tan x = \frac{1}{1!}x + \frac{2}{3!}x^3 + \frac{16}{5!}x^5 \cdots$$
$$= x + \frac{x^3}{3} + \frac{2}{15}x^5 + \cdots$$

を得る．

問 3.3 $y = c_1 y_1 + c_2 y_2 = c_1 e^{\sqrt{-\lambda}x} + c_2 e^{-\sqrt{-\lambda}x}$ とすると，

$$y'(x) = c_1\sqrt{-\lambda}e^{\sqrt{-\lambda}x} - c_2\sqrt{-\lambda}e^{-\sqrt{-\lambda}x}$$

なので，これらに $x = 0$ を代入することで，

$$\begin{cases} A = c_1 + c_2 \\ B = c_1\sqrt{-\lambda} - c_2\sqrt{-\lambda} \end{cases}$$

となる．これを c_1, c_2 について解くと

$$c_1 = \frac{\sqrt{-\lambda}A + B}{2\sqrt{-\lambda}}, \quad c_2 = \frac{\sqrt{-\lambda}A - B}{2\sqrt{-\lambda}}$$

したがって初期条件 $y(0) = A, y'(0) = B$ を満たす (3.42) の解は，

$$y(x) = \frac{\sqrt{-\lambda}A + B}{2\sqrt{-\lambda}}e^{\sqrt{-\lambda}x} + \frac{\sqrt{-\lambda}A - B}{2\sqrt{-\lambda}}e^{-\sqrt{-\lambda}x}$$

で与えられる．

問 3.4 第 2 章の章末問題 7 を適用すればよい.

第 4 章

問 4.1 まず $1+\tan^2\dfrac{x}{2}=\dfrac{1}{\cos^2\dfrac{x}{2}}$ より, $\cos^2\dfrac{x}{2}=\dfrac{1}{1+t^2}$ となることに注意しておく.

$$\sin x = \sin 2\cdot\frac{x}{2} = 2\cos\frac{x}{2}\sin\frac{x}{2} = 2\cos^2\frac{x}{2}\tan\frac{x}{2} = \frac{2t}{1+t^2}$$

$$\cos x = \cos 2\cdot\frac{x}{2} = \cos^2\frac{x}{2} - \sin^2\frac{x}{2} = \cos^2\frac{x}{2}\left(1-\tan^2\frac{x}{2}\right) = \frac{1-t^2}{1+t^2}$$

第 5 章

問 5.1 波形が元に戻るまでの時間を周期といい,周期の逆数,すなわち 1 秒間に振動する回数を周波数という.周波数の値が大きいほど高い音になる.

さて (5.9) の解においては,図 5.5 により周期が $\dfrac{2l}{\kappa}$ となることが分かるので,周波数は $\dfrac{\kappa}{2l}$ となる.この値は l が小さくなるほど大きくなるので,短い弦ほど高い音を出すことが分かる.

問 5.2 2 次元的に広がった太鼓の膜の各点の位置を表すために 2 変数が必要なので,時間変数 t を加えて 3 変数の関数が必要となる.

第 6 章

問 6.1 極座標で表すと,

$$\begin{aligned}0 &= x\frac{\partial f}{\partial x} + y\frac{\partial f}{\partial y}\\ &= r\cos\theta\left(\frac{\partial f}{\partial r}\cos\theta - \frac{\partial f}{\partial\theta}\frac{\sin\theta}{r}\right) + r\sin\theta\left(\frac{\partial f}{\partial r}\sin\theta + \frac{\partial f}{\partial\theta}\frac{\cos\theta}{r}\right)\\ &= r\frac{\partial f}{\partial r}\end{aligned}$$

すなわち $\dfrac{\partial f}{\partial r}=0$. よって f は r によらず,θ のみによって値が決まる関数となる.

問 6.2 (6.30) を,f の代わりに $\dfrac{\partial f}{\partial x}$ および $\dfrac{\partial f}{\partial y}$ に対して適用する.

$$\frac{\partial^2 f}{\partial x^2} = \frac{\partial}{\partial x}\left(\frac{\partial f}{\partial x}\right)$$
$$= \frac{\partial}{\partial r}\left(\frac{\partial f}{\partial x}\right)\cos\theta - \frac{\partial}{\partial \theta}\left(\frac{\partial f}{\partial x}\right)\frac{\sin\theta}{r}$$
$$= \frac{\partial}{\partial r}\left(\frac{\partial f}{\partial r}\cos\theta - \frac{\partial f}{\partial \theta}\frac{\sin\theta}{r}\right)\cos\theta$$
$$\quad - \frac{\partial}{\partial \theta}\left(\frac{\partial f}{\partial r}\cos\theta - \frac{\partial f}{\partial \theta}\frac{\sin\theta}{r}\right)\frac{\sin\theta}{r}$$
$$= \left(\frac{\partial^2 f}{\partial r^2}\cos\theta - \frac{\partial^2 f}{\partial r\partial\theta}\frac{\sin\theta}{r} + \frac{\partial f}{\partial \theta}\frac{\sin\theta}{r^2}\right)\cos\theta$$
$$\quad - \left(\frac{\partial^2 f}{\partial\theta\partial r}\cos\theta - \frac{\partial f}{\partial r}\sin\theta - \frac{\partial^2 f}{\partial\theta^2}\frac{\sin\theta}{r} - \frac{\partial f}{\partial\theta}\frac{\cos\theta}{r}\right)\frac{\sin\theta}{r}$$
$$= \frac{\partial^2 f}{\partial r^2}\cos^2\theta - 2\frac{\partial^2 f}{\partial r\partial\theta}\frac{\sin\theta\cos\theta}{r}$$
$$\quad + \frac{\partial^2 f}{\partial\theta^2}\frac{\sin^2\theta}{r^2} + \frac{\partial f}{\partial r}\frac{\sin^2\theta}{r} + 2\frac{\partial f}{\partial\theta}\frac{\sin\theta\cos\theta}{r^2}$$

同様にして,
$$\frac{\partial^2 f}{\partial y^2} = \frac{\partial^2 f}{\partial r^2}\sin^2\theta + 2\frac{\partial^2 f}{\partial r\partial\theta}\frac{\sin\theta\cos\theta}{r}$$
$$\quad + \frac{\partial^2 f}{\partial\theta^2}\frac{\cos^2\theta}{r^2} + \frac{\partial f}{\partial r}\frac{\cos^2\theta}{r} - 2\frac{\partial f}{\partial\theta}\frac{\sin\theta\cos\theta}{r^2}$$

が得られる. したがって,
$$\frac{\partial^2 f}{\partial x^2} + \frac{\partial^2 f}{\partial y^2} = \frac{\partial^2 f}{\partial r^2} + \frac{1}{r}\frac{\partial f}{\partial r} + \frac{1}{r^2}\frac{\partial^2 f}{\partial \theta^2}$$

となる.

問 6.3 3 変数関数 $f(x,y,z)$ が, 点 (a,b,c) において
$$f_x(a,b,c) = f_y(a,b,c) = f_z(a,b,c) = 0$$
を満たすとする. このとき, 2 階偏微分係数を
$$f_{xx}(a,b,c) = A, \quad f_{xy}(a,b,c) = B, \quad f_{xz}(a,b,c) = C,$$
$$f_{yy}(a,b,c) = D, \quad f_{yz}(a,b,c) = E,$$
$$f_{zz}(a,b,c) = F$$

とおくと，行列 $\begin{pmatrix} A & B & C \\ B & D & E \\ C & E & F \end{pmatrix}$ が正定値であれば $f(a,b,c)$ は極小，負定値であれば $f(a,b,c)$ は極大となる．したがって，$f_x(a,b,c) = f_y(a,b,c) = f_z(a,b,c) = 0$ のもとで，

$$A > 0, \quad \begin{vmatrix} A & B \\ B & D \end{vmatrix} > 0, \quad \begin{vmatrix} A & B & C \\ B & D & E \\ C & E & F \end{vmatrix} > 0$$

であれば $f(a,b,c)$ は極小，

$$A < 0, \quad \begin{vmatrix} A & B \\ B & D \end{vmatrix} > 0, \quad \begin{vmatrix} A & B & C \\ B & D & E \\ C & E & F \end{vmatrix} < 0$$

であれば $f(a,b,c)$ は極大となる．

問 6.4 $(x,y) = \left(\dfrac{a}{\sqrt{2}}, \dfrac{b}{\sqrt{2}}\right)$ において考える．

$$f_x\left(\frac{a}{\sqrt{2}}, \frac{b}{\sqrt{2}}\right) = \frac{b}{\sqrt{2}}, \quad f_y\left(\frac{a}{\sqrt{2}}, \frac{b}{\sqrt{2}}\right) = \frac{a}{\sqrt{2}}$$

なので，この点における $z = f(x,y)$ のグラフの接平面の法ベクトルは

$$\vec{v} = \left(\frac{b}{\sqrt{2}}, \frac{a}{\sqrt{2}}, -1\right)$$

となる．このことからまず接平面は水平ではないことが分かる．

境界線 $\dfrac{x^2}{a^2} + \dfrac{y^2}{b^2} = 1$ の点 $\left(\dfrac{a}{\sqrt{2}}, \dfrac{b}{\sqrt{2}}\right)$ における接線 l の傾きを計算すると，$-\dfrac{b}{a}$ となる．この接線を接平面に持ち上げる．つまり接平面上にある直線で，xy-平面に射影すると l になるようなものを考える．その方向ベクトルは $\left(1, -\dfrac{b}{a}, \xi\right)$ という形をしているはずで，さらに接平面の法ベクトル $\vec{v}$ と直交しなくてはならないので，

$$0 = \left(\left(1, -\frac{b}{a}, \xi\right), \vec{v}\right) = \frac{b}{\sqrt{2}} - \frac{b}{\sqrt{2}} - \xi = -\xi$$

すなわち $\xi = 0$ となる．これは，l の接平面への持ち上げが水平であることを意味する．

次に境界線の点 $\left(\dfrac{a}{\sqrt{2}}, \dfrac{b}{\sqrt{2}}\right)$ における法線を考える．接線 l と直交することから，法線の外向きの方向ベクトルは $\left(1, \dfrac{a}{b}\right)$ となる．これの接平面への持ち上げ $\left(1, \dfrac{a}{b}, \eta\right)$ を考えると，このベクトルも $\vec{v}$ と直交しているので，同じように内積を考えて

$$\eta = \frac{b}{\sqrt{2}} + \frac{a^2}{\sqrt{2}b}$$

となることが分かる．$\eta > 0$ であるので，これは領域 D の外部へ向かう方向に沿って，接平面が上昇していることを表している．

以上の状況をまとめると，次のようになる．

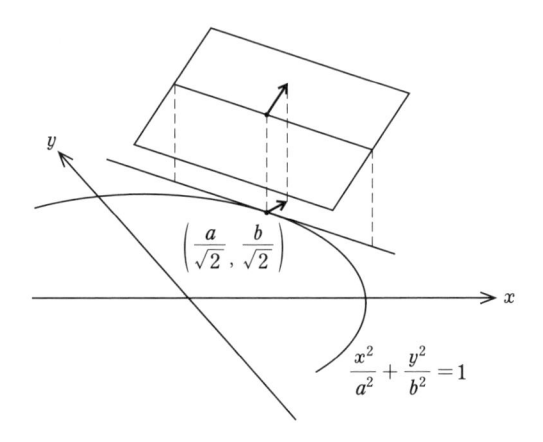

他の点についても同様である．

第 7 章

問 7.1
$$\begin{aligned}
\iint_D (x^2 + 3xy) dx\, dy &= \int_0^2 dy \int_0^1 (x^2 + 3xy) dx \\
&= \int_0^2 dy \left[\frac{x^3}{3} + \frac{3}{2}x^2 y\right]_{x=0}^{x=1} \\
&= \int_0^2 dy \left(\frac{1}{3} + \frac{3}{2}y\right) \\
&= \left[\frac{y}{3} + \frac{3}{4}y^2\right]_0^2 \\
&= \frac{11}{3}
\end{aligned}$$

問 **7.2**　$D = \{(x,y) \mid 0 \leqq y \leqq 1,\, y \leqq x \leqq 1\}$ とも表されるので，

$$\iint_D (x+y^2)dx\,dy = \int_0^1 dy \int_y^1 (x+y^2)dx$$
$$= \int_0^1 dy \left[\frac{x^2}{2} + xy^2\right]_{x=y}^{x=1}$$
$$= \int_0^1 dy \left(\frac{1}{2} + y^2 - \frac{y^2}{2} - y^3\right)$$
$$= \left[\frac{y}{2} + \frac{y^3}{6} - \frac{y^4}{4}\right]_0^1$$
$$= \frac{5}{12}$$

問 **7.3**　(a,b), (c,d) が図のような位置にある場合を考える．

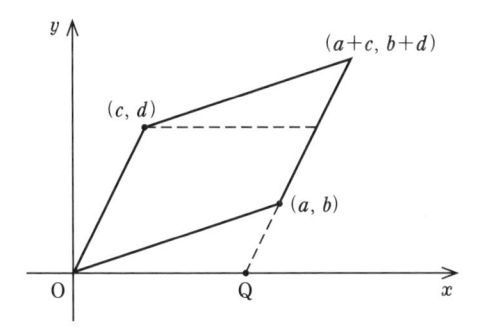

2 点 (a,b), $(a+c, b+d)$ を通る直線の方程式は $y - b = \dfrac{d}{c}(x-a)$. よって図の点 Q の x 座標は，$y=0$ とすることで

$$x = a - b \cdot \frac{c}{d} = \frac{ad-bc}{d}$$

となる．したがって求める平行四辺形の面積は $\dfrac{ad-bc}{d} \times d = ad - bc$ である．(a,b) と (c,d) が入れ替わった場合には，面積は $-(ad-bc)$ となる．よっていずれの場合にも，$\begin{vmatrix} a & b \\ c & d \end{vmatrix} = ad - bc$ の絶対値となる．

問 **7.4**　$D = \{(x,y,z) \mid x^2 + y^2 + z^2 \leqq a^2\}$ $(a > 0)$ とするとき，球体 D の体積 V は，(7.20) および極座標変換 (7.25) を用いると，

$$\begin{aligned}
V &= \iiint_D 1\,dx\,dy\,dz \\
&= \int_0^{2\pi} d\varphi \int_0^{\pi} d\theta \int_0^a 1 \cdot r^2 \sin\theta\,dr \\
&= \int_0^{2\pi} d\varphi \int_0^{\pi} d\theta \left[\frac{r^3}{3}\sin\theta\right]_{r=0}^{r=a} \\
&= \int_0^{2\pi} d\varphi \int_0^{\pi} d\theta\, \frac{a^3}{3}\sin\theta \\
&= \int_0^{2\pi} d\varphi \left[-\frac{a^3}{3}\cos\theta\right]_{\theta=0}^{\theta=\pi} \\
&= \int_0^{2\pi} d\varphi\, \frac{2}{3}a^3 \\
&= \frac{4\pi a^3}{3}
\end{aligned}$$

となる．

章末問題の解答

第 2 章

1. (1) 0　　(2) 3　　(3) ∞　　(4) 0　　(5) 0
　　(6) 0　　(7) 0　　(8) 3　　(9) $\sqrt{2}$
　　(10) $\displaystyle\lim_{n\to\infty}(\sqrt{n}-\sqrt{n-1}) = \lim_{n\to\infty}\frac{n-(n-1)}{\sqrt{n}+\sqrt{n-1}}$
　　　　　　　　　　　　　　　$\displaystyle = \lim_{n\to\infty}\frac{1}{\sqrt{n}+\sqrt{n-1}} = 0$

2. $S_n = \displaystyle\sum_{k=1}^{n} a_k$ とおく. $a_n \geqq 0$ より $\{S_n\}$ は単調増加. $\displaystyle\sum_{n=1}^{\infty} A_n = A$ とすると, $0 \leqq a_n \leqq A_n$ より $S_n \leqq \displaystyle\sum_{K=1}^{n} A_k \leqq A$ となるので, $\{S_n\}$ は上に有界. したがって定理 2.3 により $\{S_n\}$ は収束する. 定義により, これは級数 $\displaystyle\sum_{n=1}^{\infty} a_n$ の収束を意味する.

3. (1) 3　　(2) $\dfrac{3}{2}$　　(3) 2　　(4) 0　　(5) $\dfrac{a}{c}$
　　(6) a　　(7) 0　　(8) 1

4. (1) $\dfrac{\sqrt{2}+\sqrt{6}}{4}$　　(2) $2-\sqrt{3}$

5. 右辺を (2.35) を用いて計算して, 左辺に一致することを見ればよい.

6. (1) $\tan^{-1} x = y$ とおくと, $\tan y = x$ であるので,
$$\tan(2\tan^{-1} x) = \tan(2y) = \frac{2\tan y}{1-\tan^2 y} = \frac{2x}{1-x^2}$$

(2) $\cos^{-1} x = y$ とおくと, $\cos y = x$ であるので,
$$\cos(2\cos^{-1} x) = \cos(2y) = 2\cos^2 y - 1 = 2x^2 - 1$$

7. $\sin^{-1}\dfrac{A}{\sqrt{A^2+B^2}} = \psi$ とおくと, $-\dfrac{\pi}{2} \leqq \psi \leqq \dfrac{\pi}{2}$ であるので, $\cos\psi = \dfrac{|B|}{\sqrt{A^2+B^2}}$ となる. そこで $B \geqq 0$ のときは $\varphi = \psi$, $B < 0$ のときは $\varphi = \pi - \psi$ とおくことで,

$$\sin\varphi = \frac{A}{\sqrt{A^2+B^2}}, \quad \cos\varphi = \frac{B}{\sqrt{A^2+B^2}}$$

とすることができる．このとき，

$$A\sin\theta + B\cos\theta = \sqrt{A^2+B^2}\left(\frac{A}{\sqrt{A^2+B^2}}\sin\theta + \frac{B}{\sqrt{A^2+B^2}}\cos\theta\right)$$
$$= \sqrt{A^2+B^2}(\sin\varphi\sin\theta + \cos\varphi\cos\theta)$$
$$= \sqrt{A^2+B^2}\cos(\theta-\varphi)$$

8. (1) $\tan\theta = m$ となるので，$\theta = \tan^{-1}m$

(2) (a,b) と (c,d) の内積を考えると $\cos\theta = \dfrac{ac+bd}{\sqrt{a^2+b^2}\sqrt{c^2+d^2}}$ となるので，

$$\theta = \cos^{-1}\frac{ac+bd}{\sqrt{a^2+b^2}\sqrt{c^2+d^2}}$$

第 3 章

1. (1) $\dfrac{2}{(x+1)^2}$ (2) $e^x(\cos x - \sin x)$ (3) $\log x + 1$
(4) $2e^{2x}$ (5) $\dfrac{1}{x}$ (6) $n(x+1)^{n-1}$
(7) $\dfrac{a}{\sqrt{1-a^2x^2}}$ (8) $\dfrac{x}{\sqrt{x^2+3}}$ (9) $-\dfrac{1}{x(\log x)^2}$
(10) $\dfrac{2x}{1+x^4}$

2. (1) $\dfrac{ad-bc}{(cx+d)^2}$ (2) $e^{\sin x}\cos x$ (3) $6x^2(x^3+2)$
(4) $\dfrac{-2x^3+6x^2+1}{(x^3+1)^2}$ (5) $\dfrac{4x^3}{x^4+1}$ (6) $\dfrac{1}{\sqrt{x^2+1}}$
(7) $-2^{-x}\log 2$ (8) 0 (9) $-\dfrac{\sin(\tan^{-1}x)}{1+x^2}$
(10) $\dfrac{x^2+2-2x^2\log x}{x(x^2+2)^2}$

3. (1) $5(x-1) + 3(x-1)^2 + (x-1)^3$ (2) $\displaystyle\sum_{n=0}^{\infty}\binom{a}{n}2^{a-n}x^n$

(3) $\displaystyle\sum_{n=0}^{\infty}\frac{\varepsilon_n}{\sqrt{2}\,n!}\left(x-\frac{\pi}{4}\right)^n$, ただし $\varepsilon_n = \begin{cases} 1 & n=4m, 4m+3 \text{ の形のとき} \\ -1 & n=4m+1, 4m+2 \text{ の形のとき}\end{cases}$

4. (1) 1.0033   (2) 0.0500

5. (1) $-\dfrac{1}{2}$ (2) 0   (3) $\log 5 - \log 3$ (4) -1
     (5) 0   (6) 0   (7) 1   (8) 1

6. (1) $g(x) = \sin x - x$ とおくと，$g'(x) = \cos x - 1 \leqq 0$ なので $g(x)$ は単調減少．また $g(0) = 0$ であり，$g'(0) = g''(0) = 0$, $g'''(0) < 0$ となっているので，$|x| > 0$ が十分小さいときは $g(x) \neq 0$ となる．したがって $x > 0$ に対しては $g(x) < 0$, $x < 0$ に対しては $g(x) > 0$ となる．すなわち $g(x) = 0$ となる x は $x = 0$ に限る．

(2) $a = \dfrac{1}{2}, b = 0, c = -1$. また $f(x)$ が $x = 0$ で連続であるためには，$f(0)$ を次の通り定めなくてはならない．$f(0) = \lim_{x \to 0} f(x) = 0$

第 4 章

1. 解答中の C は積分定数を表す．
(1) $\dfrac{x^4}{2} + \dfrac{3}{2}x^2 - x + C$ (2) $-\log|\cos x| + C$
(3) $x \log x - x + C$ (4) $\dfrac{1}{3} e^{3x+4} + C$
(5) $\dfrac{a^{2x}}{2 \log a} + C$ (6) $\dfrac{x^{2a+1}}{2a+1} + C$
(7) $\dfrac{1}{2} \log \left| \dfrac{x-1}{x+1} \right| + C$ (8) $\dfrac{x^2}{2} - 3x + 7 \log|x+2| + C$

2. 解答中の C は積分定数を表す．
(1) $\dfrac{x^2}{2} - \dfrac{1}{2} \log(x^2 + 1) + \tan^{-1} x + C$
(2) $\tan^{-1}(x-1) + C$
(3) $\sin^{-1} \dfrac{x}{\sqrt{2}} + C$
(4) $2\sqrt{x^2 + 1} + C$
(5) $\dfrac{1}{4\sqrt{2}} \log(x^2 + \sqrt{2}\,x + 1) - \dfrac{1}{4\sqrt{2}} \log(x^2 - \sqrt{2}\,x + 1)$
      $+ \dfrac{\sqrt{2}}{4} \tan^{-1}(\sqrt{2}\,x + 1) + \dfrac{\sqrt{2}}{4} \tan^{-1}(\sqrt{2}\,x - 1) + C$
(6) $\dfrac{2}{15}(3x+4)(x-2)\sqrt{2-x} + C$
(7) $\tan \dfrac{x}{2} + C$

(8) $\sin x - \dfrac{1}{3}\sin^3 x + C$

(9) $\log(e^{2x} + 1) - x + C$

(10) $\log(e^x + 1) - \dfrac{2}{e^x + 1} - x + C$

3. (1) I_n に対して次のように部分積分を行う.

$$\begin{aligned} I_n &= \int_0^{\frac{\pi}{2}} \sin^n dx \\ &= \int_0^{\frac{\pi}{2}} \sin^{n-1} x \cdot \sin x \, dx \\ &= \left[-\cos x \cdot \sin^{n-1} x\right]_0^{\frac{\pi}{2}} + \int_0^{\frac{\pi}{2}} \cos^2 x \cdot (n-1) \sin^{n-2} x \, dx \\ &= (n-1)\int_0^{\frac{\pi}{2}} (1 - \sin^2 x) \sin^{n-2} x \, dx \\ &= (n-1)I_{n-2} - (n-1)I_n \end{aligned}$$

これより漸化式 $nI_n = (n-1)I_{n-2}$ はただちに従う.

(2) (1) の漸化式を繰り返し適用すればよい.

4. (1) $m = n \neq 0$ のとき π, $m = n = 0$ のとき 0, $m \neq n$ のとき 0

(2) 0

(3) $m = n \neq 0$ のとき π, $m = n = 0$ のとき 2π, $m \neq n$ のとき 0

5. (1) $\dfrac{2}{\sqrt{3}}\pi$ (2) -1 (3) $\dfrac{1}{2}$ (4) 4

6. $F(x) = \displaystyle\int_a^x f(t)\,dt$ とおくと, $F'(x) = f(x)$ が成り立つ. 合成関数の微分法より,

$$\dfrac{d}{dx}\int_a^{x^2} f(t)\,dt = \dfrac{d}{dx}F(x^2) = 2x \cdot F'(x^2) = 2x f(x^2)$$

となる.

7. (1) $\dfrac{1}{12}$ (2) πab (3) $\dfrac{3\pi a^2}{8}$ (4) $2a^2$

8. (1) $\sqrt{1+e^2} - \sqrt{2} - 1 + \log \dfrac{\sqrt{1+e^2}-1}{\sqrt{2}-1}$ (2) $8a$

第 6 章

1. (1) $f_x = 2x + y, \quad f_y = x + 4y$

(2) $f_x = \dfrac{(ad - bc)y}{(cx + dy)^2}, \quad f_y = \dfrac{(bc - ad)x}{(cx + dy)^2}$

(3) $f_x = \dfrac{2xy + x^2y + 2xy^3}{(1 + x + y^2)^2}, \quad f_y = \dfrac{x^2 + x^3 - x^2y^2}{(1 + x + y^2)^2}$

(4) $f_x = y\cos(xy), \quad f_y = x\cos(xy)$

(5) $f_x = \log(1 + xy) + \dfrac{xy}{1 + xy}, \quad f_y = \dfrac{x^2}{1 + xy}$

(6) $f_x = -\dfrac{y}{x^2 + y^2}, \quad f_y = \dfrac{x}{x^2 + y^2}$

(7) $f_x = \dfrac{x}{\sqrt{x^2 + y^2}\sqrt{1 - x^2 - y^2}}, \quad f_y = \dfrac{y}{\sqrt{x^2 + y^2}\sqrt{1 - x^2 - y^2}}$

(8) $f_x = yx^{y-1}, \quad f_y = x^y \log x$

2. (1) $f_{xx} = 2, \quad f_{xy} = 1, \quad f_{yy} = 4$

(2) $f_{xx} = -\dfrac{2c(ad - bc)y}{(cx + dy)^3}, \quad f_{xy} = \dfrac{(ad - bc)(cx - dy)}{(cx + dy)^3},$
$f_{yy} = \dfrac{2d(ad - bc)x}{(cx + dy)^3}$

(3) $f_{xx} = \dfrac{2y(1 + y^2)^2}{(1 + x + y^2)^3}, \quad f_{xy} = \dfrac{2x + 3x^2 + x^3 + 3x^2y^2 - 2xy^4}{(1 + x + y^2)^3},$
$f_{yy} = -\dfrac{2x^2y(3 + 3x - y^2)}{(1 + x + y^2)^3}$

(4) $f_{xx} = -y^2\sin(xy), \quad f_{xy} = \cos(xy) - xy\sin(xy), \quad f_{yy} = -x^2\sin(xy)$

(5) $f_{xx} = \dfrac{2y + xy^2}{(1 + xy)^2}, \quad f_{xy} = \dfrac{2x + x^2y}{(1 + xy)^2}, \quad f_{yy} = -\dfrac{x^3}{(1 + xy)^2}$

(6) $f_{xx} = \dfrac{2xy}{(x^2 + y^2)^2}, \quad f_{xy} = \dfrac{y^2 - x^2}{(x^2 + y^2)^2}, \quad f_{yy} = -\dfrac{2xy}{(x^2 + y^2)^2}$

(7) $f_{xx} = \dfrac{x^4 - y^4 + y^2}{(x^2 + y^2)^{\frac{3}{2}}(1 - x^2 - y^2)^{\frac{3}{2}}},$
$f_{xy} = \dfrac{xy(2x^2 + 2y^2 - 1)}{(x^2 + y^2)^{\frac{3}{2}}(1 - x^2 - y^2)^{\frac{3}{2}}},$
$f_{yy} = \dfrac{x^2 - x^4 + y^4}{(x^2 + y^2)^{\frac{3}{2}}(1 - x^2 - y^2)^{\frac{3}{2}}}$

(8) $f_{xx} = y(y - 1)x^{y-2}, \quad f_{xy} = x^{y-1} + yx^{y-1}\log x, \quad f_{yy} = x^y(\log x)^2$

3. (1) $af_x(at,bt) + bf_y(at,bt)$

(2) $\dfrac{\partial}{\partial s}f(as+bt, cs+dt) = af_x + cf_y,\quad \dfrac{\partial}{\partial t}f(as+bt, cs+dt) = bf_x + df_y$

(3) $\dfrac{\partial}{\partial s}f(s^2+t^2, st) = 2sf_x + tf_y,\quad \dfrac{\partial}{\partial t}f(s^2+t^2, st) = 2tf_x + sf_y$

(4) $\dfrac{\partial}{\partial s}f(s+st+t^2, s^2+1) = (1+t)f_x + 2sf_y,$

$\dfrac{\partial}{\partial t}f(s+st+t^2, s^2+1) = (s+2t)f_x$

4. (1) $\dfrac{c\sqrt{3}}{a}\left(x-\dfrac{a}{\sqrt{2}}\right) + \dfrac{c\sqrt{2}}{b}\left(y-\dfrac{b}{\sqrt{3}}\right) + \left(z-\dfrac{c}{\sqrt{6}}\right) = 0$

(2) $\dfrac{e^{a-b}-e^{b-a}}{(e^{a-b}+e^{b-a})^2}(x-a) - \dfrac{e^{a-b}-e^{b-a}}{(e^{a-b}+e^{b-a})^2}(y-b)$

$+ \left(z - \dfrac{1}{e^{a-b}+e^{b-a}}\right) = 0$

5. (1) $y - y_0 = -\sqrt[3]{\dfrac{y_0}{x_0}}(x-x_0)$ (2) $y - \dfrac{3}{2} = -\left(x - \dfrac{3}{2}\right)$

6. (1) $(x,y) = \left(-\dfrac{2}{3}, -\dfrac{1}{3}\right)$ で極小値 $-\dfrac{2}{3}$

(2) $(x,y) = \left(\dfrac{9}{8}, \dfrac{3}{4}\right)$ で極小値 $-\dfrac{27}{64}$

(3) $(x,y) = \left(-\dfrac{1}{3}, -\dfrac{1}{3}\right)$ で極大値 $\dfrac{1}{27}$

7. (1) $(x,y) = \left(\pm\dfrac{\sqrt{3}}{2}, \pm\dfrac{1}{2\sqrt{3}}\right)$ で最大値 $\dfrac{7}{6}$, $(x,y) = (0,0)$ で最小値 0

(2) $(x,y) = (1,0)$ で最大値 1, $(x,y) = (-1,0)$ で最小値 -1

(3) $(x,y) = (0, \pm 1)$ で最大値 $2e^{-1}$, $(x,y) = (0,0)$ で最小値 0

第 7 章

1. (1) $\dfrac{a^3b}{3} + \dfrac{a^2b^2}{4} + \dfrac{ab^3}{3}$ (2) $\dfrac{107}{840}$ (3) $\dfrac{1}{28}$

(4) 1 (5) $\dfrac{\pi}{12}$

2. (1) $\displaystyle\int_0^1 dy \int_y^1 f(x,y)\,dx$ (2) $\displaystyle\int_{\frac{1}{2}}^1 dx \int_{\frac{1}{x}}^2 f(x,y)\,dy$

(3) $\displaystyle\int_0^a dy \int_{-\sqrt{a^2-y^2}}^{\sqrt{a^2-y^2}} f(x,y)\,dx$

(4) $\displaystyle\int_0^1 dx \int_0^x f(x,y)\,dy + \int_1^2 dx \int_0^{2-x} f(x,y)\,dy$

3. (1) $\dfrac{\pi+2}{16}$ (2) $\dfrac{\pi}{3}\left(1-(1-a^2)^{\frac{3}{2}}\right)$ (3) $\dfrac{\pi}{2}(2\log 2 - 1)$

(4) $2\sqrt{2}-2$ (5) $\dfrac{a^2 b^2}{8}$

4. (1) 6 (2) $\dfrac{\pi a^2 h}{3}$ (3) $\left(\dfrac{2\pi}{3}-\dfrac{8}{9}\right)a^3$

(4) $2ac^2\pi^2$

5. (1) $\dfrac{\pi}{6}(5\sqrt{5}-1)$ (2) $2a^2(\pi-2)$

(3) $2\pi + \dfrac{c^2\pi^2}{\sqrt{c^2-1}} - \dfrac{2c^2\pi}{\sqrt{c^2-1}}\tan^{-1}\dfrac{1}{\sqrt{c^2-1}}$

$= 2\pi + \dfrac{2c^2\pi}{\sqrt{c^2-1}}\tan^{-1}\sqrt{c^2-1}$

$= 2\pi + \dfrac{2c^2\pi}{\sqrt{c^2-1}}\sin^{-1}\dfrac{\sqrt{c^2-1}}{c}$

この三つの表現はすべて等しいので，いずれでもよい．1番目の等号は，問 2.4 (3) による．2番目の等号は，$\sin^{-1}x$ と $\tan^{-1}x$ の関係式 $\tan^{-1}\dfrac{b}{a}=\sin^{-1}\dfrac{b}{\sqrt{a^2+b^2}}$ による．

6. (1) $\dfrac{4\pi a^5}{5}$ (2) $2\pi a^2$

参考文献

まえがきでも触れたように，本書では実数の連続性をはじめ，無限小の取り扱いに関わる多くの基本的な定理の証明を省いた．それらは「ε-δ 論法」とよばれる論法を用いて証明することができる．(ε-δ 論法はひとたび習得すれば非常に有用・強力な手段になるが，習得には結構時間がかかることが多い．) 本書の論理・証明の欠落を補う参考文献として

[1] 高木貞治『解析概論』改訂第 3 版　岩波書店

をあげておく．

第 4 章 4.4 節で，無理関数の不定積分に関連して，楕円積分に言及した．楕円積分からいかに豊かな世界が開けてくるかについて，胸の躍るような記述が

[2] 高木貞治『近世数学史談』共立出版，岩波書店

[3] C. L. Siegel "Topics in Complex Function Theory" Vol. 1, John Wiley & Sons

にある．[2] は主に 19 世紀の数学について語った名著であり，数学が好きな学生にはぜひ読んでもらいたい．[3] は英語で書かれた数学専門書なので敷居が高いかもしれないが，はじめの Chapter 1, §1, §2 は，微分積分を学んだ学生ならそのすばらしさが十分わかると思う．大学の図書館などで手にしてもらいたい．

第 1 章で微分法の発見の物語を概観したが，その内容は多く

[4] 朝永振一郎『物理学とは何だろうか（上・下）』岩波新書

に依っている．この本はあらゆる若い人に読んでもらいたい名著である．特に自然科学を学ぶ学生には強く勧めたい．

索 引

●アルファベット

C^1 級　 124
C^n 級　 132

Euler の公式　 60

Gregory の公式　 21

l'Hospital の定理　 61, 62
Lagrange の未定乗数法　 149
Leibniz の公式　 21

Machin の公式　 21

Riemann 和　 73, 155

Taylor 展開　 53, 135
Taylor の定理　 52, 133

●ア行

アステロイド　 104
鞍点　 144
一般解　 66
一般化された 2 項定理　 57
陰関数　 135
陰関数の定理　 135
上に有界　 18

●カ行

解　 12
開区間　 23

開集合　 114
解の一意性　 10
ガンマ関数　 94
逆三角関数　 36
級数　 20
境界条件　 110
極限　 15, 23, 116
極限値　 15, 23, 116
極座標　 98
極小　 141
極小値　 141
極大　 141
極大値　 141
極値　 141
極方程式　 99
近傍　 113
原始関数　 81
懸垂線　 102
高階導関数　 52
広義積分可能　 90, 92

●サ行

サイクロイド　 97
座標　 12
自然対数の底　 21
下に有界　 18
実数の連続性　 13
重積分　 156
収束する　 15
初期条件　 10

数列の極限　*14*
正弦定理　*35*
正定値　*147*
積分　*73, 156*
積分可能　*155*
積分に関する平均値の定理　*78*
積分の順序交換　*166*
積分の変数変換　*167*
接平面　*131*
線形結合　*109*
全微分可能　*123*

●タ行

縦線集合　*163*
単調減少　*19*
単調増加　*19*
置換積分法　*81, 83*
中間値の定理　*26*
導関数　*41*
解く　*12*

●ナ行

ニュートンの運動法則　*6*
ニュートンの運動方程式　*6*

●ハ行

発散する　*15*
波動方程式　*108*
万有引力の法則　*8*
微分可能　*41, 42*
微分係数　*41*
微分する　*41*
微分積分学の基本公式　*81*
微分積分学の基本定理　*80*
微分方程式　*12*
不定積分　*82*

負定値　*147*
部分積分法　*82, 84*
平均値の定理　*48*
閉区間　*23*
閉領域　*115*
ベータ関数　*95*
変数分離形　*109*
偏導関数　*119, 120*
偏微分可能　*119, 120*
偏微分係数　*119, 120*
偏微分する　*120*
法ベクトル　*130*

●マ行

無限回微分可能　*53*

●ヤ行

ヤコビアン　*138*
有界　*115*
有理数　*13*
余弦定理　*35*
横線集合　*165*

●ラ行

領域　*115*
累次積分　*161, 163, 166*
レムニスケート　*104*
連結　*115*
連続　*25, 118*

●ワ行

和　*21*

三角関数表

度	sin	cos	tan	度	sin	cos	tan
0	0.0000	1.0000	0.0000	45	0.7071	0.7071	1.0000
1	0.0175	0.9998	0.0175	46	0.7193	0.6947	1.0355
2	0.0349	0.9994	0.0349	47	0.7314	0.6820	1.0724
3	0.0523	0.9986	0.0524	48	0.7431	0.6691	1.1106
4	0.0698	0.9976	0.0699	49	0.7547	0.6561	1.1504
5	0.0872	0.9962	0.0875	50	0.7660	0.6428	1.1918
6	0.1045	0.9945	0.1051	51	0.7771	0.6293	1.2349
7	0.1219	0.9925	0.1228	52	0.7880	0.6157	1.2799
8	0.1392	0.9903	0.1405	53	0.7986	0.6018	1.3270
9	0.1564	0.9877	0.1584	54	0.8090	0.5878	1.3764
10	0.1736	0.9848	0.1763	55	0.8192	0.5736	1.4281
11	0.1908	0.9816	0.1944	56	0.8290	0.5592	1.4826
12	0.2079	0.9781	0.2126	57	0.8387	0.5446	1.5399
13	0.2250	0.9744	0.2309	58	0.8480	0.5299	1.6003
14	0.2419	0.9703	0.2493	59	0.8572	0.5150	1.6643
15	0.2588	0.9659	0.2679	60	0.8660	0.5000	1.7321
16	0.2756	0.9613	0.2867	61	0.8746	0.4848	1.8040
17	0.2924	0.9563	0.3057	62	0.8829	0.4695	1.8807
18	0.3090	0.9511	0.3249	63	0.8910	0.4540	1.9626
19	0.3256	0.9455	0.3443	64	0.8988	0.4384	2.0503
20	0.3420	0.9397	0.3640	65	0.9063	0.4226	2.1445
21	0.3584	0.9336	0.3839	66	0.9135	0.4067	2.2460
22	0.3746	0.9272	0.4040	67	0.9205	0.3907	2.3559
23	0.3907	0.9205	0.4245	68	0.9272	0.3746	2.4751
24	0.4067	0.9135	0.4452	69	0.9336	0.3584	2.6051
25	0.4226	0.9063	0.4663	70	0.9397	0.3420	2.7475
26	0.4384	0.8988	0.4877	71	0.9455	0.3256	2.9042
27	0.4540	0.8910	0.5095	72	0.9511	0.3090	3.0777
28	0.4695	0.8829	0.5317	73	0.9563	0.2924	3.2709
29	0.4848	0.8746	0.5543	74	0.9613	0.2756	3.4874
30	0.5000	0.8660	0.5774	75	0.9659	0.2588	3.7321
31	0.5150	0.8572	0.6009	76	0.9703	0.2419	4.0108
32	0.5299	0.8480	0.6249	77	0.9744	0.2250	4.3315
33	0.5446	0.8387	0.6494	78	0.9781	0.2079	4.7046
34	0.5592	0.8290	0.6745	79	0.9816	0.1908	5.1446
35	0.5736	0.8192	0.7002	80	0.9848	0.1736	5.6713
36	0.5878	0.8090	0.7265	81	0.9877	0.1564	6.3138
37	0.6018	0.7986	0.7536	82	0.9903	0.1392	7.1154
38	0.6157	0.7880	0.7813	83	0.9925	0.1219	8.1443
39	0.6293	0.7771	0.8098	84	0.9945	0.1045	9.5144
40	0.6428	0.7660	0.8391	85	0.9962	0.0872	11.4301
41	0.6561	0.7547	0.8693	86	0.9976	0.0698	14.3007
42	0.6691	0.7431	0.9004	87	0.9986	0.0523	19.0811
43	0.6820	0.7314	0.9325	88	0.9994	0.0349	28.6363
44	0.6947	0.7193	0.9657	89	0.9998	0.0175	57.2900
45	0.7071	0.7071	1.0000	90	1.0000	0.0000	———

原岡 喜重 (はらおか・よししげ)

略歴
1957年　北海道に生まれる.
1988年　東京大学大学院理学系研究科博士課程(数学専攻)修了.
　　　　理学博士.
現在　　熊本大学理学部教授.

主な著書に
　数学っておもしろい(編著, 日本評論社)
　超幾何関数(朝倉書店)

教程　微分積分(びぶんせきぶん)

2004年4月20日　第1版第1刷発行
2020年2月10日　第1版第8刷発行

著　者　　　　　　　　　原　岡　喜　重
発行所　　　株式会社　日　本　評　論　社
〒170-8474 東京都豊島区南大塚3-12-4
電話　(03) 3987-8621 [販売]
　　　(03) 3987-8599 [編集]
印　刷　　　　　　　　　三美印刷株式会社
製　本　　　　　　　　　井上製本所
装　幀　　　　　　　　　妹尾浩也

© Yoshishige Haraoka 2004　　Printed in Japan
ISBN 4-535-78416-7

JCOPY 〈(社)出版者著作権管理機構 委託出版物〉
本書の無断複写は著作権法上での例外を除き禁じられています。複写される場合は、そのつど事前に、(社)出版者著作権管理機構(電話 03-5244-5088, FAX 03-5244-5089, e-mail:info@jcopy.or.jp) の許諾を得てください。
また、本書を代行業者等の第三者に依頼してスキャニング等の行為によりデジタル化することは、個人の家庭内の利用であっても、一切認められておりません。